U0176433

——————— "世遗泉州海丝名城科普丛书"编辑委员会

编写单位：泉州市老科技工作者协会

泉州市永顺船舶服务有限公司

主　　编：林华东　郭永坤

编　　委：苏黎明　王伟明　黄建团

世遗泉州海丝名城科普丛书

● 主编 林华东 郭永坤 ●

名城科技

黄建团 编著

厦门大学出版社 国家一级出版社
XIAMEN UNIVERSITY PRESS 全国百佳图书出版单位

图书在版编目（CIP）数据

名城科技 / 黄建团编著. -- 厦门：厦门大学出版社，2023.8

（世遗泉州海丝名城科普丛书 / 林华东，郭永坤主编）

ISBN 978-7-5615-9062-1

Ⅰ. ①名… Ⅱ. ①黄… Ⅲ. ①科技发展-技术史-史料-泉州 Ⅳ. ①N092

中国版本图书馆CIP数据核字(2023)第140936号

出 版 人　郑文礼
责任编辑　陈金亮　薛鹏志
美术编辑　李嘉彬
技术编辑　朱　楷

出版发行　厦门大学出版社

社　　　址　厦门市软件园二期望海路39号
邮政编码　361008
总　　　机　0592-2181111　0592-2181406(传真)
营销中心　0592-2184458　0592-2181365
网　　　址　http://www.xmupress.com
邮　　　箱　xmup@xmupress.com
印　　　刷　厦门市明亮彩印有限公司

开本　889 mm×1 194 mm　1/32
印张　10.25
插页　2
字数　200 千字
版次　2023 年 8 月第 1 版
印次　2023 年 8 月第 1 次印刷
定价　56.00 元

本书如有印装质量问题请直接寄承印厂调换

厦门大学出版社
微信二维码　　厦门大学出版社
微博二维码

守正创新踏浪高歌在泉州
（总序）

林华东

科普就是要把人类改造自然、改造社会的知识和方法，以及蕴于其中的科学思想和科学精神，以浅显易懂的方式传播到社会的方方面面，使之为公众所理解，进而达到提升公众科学素质、促进物质文明和精神文明协同发展的目的。习近平总书记在党的二十大报告关于"推进文化自信自强，铸就社会主义文化新辉煌"中就强调，要"加强国家科普能力建设，深化全民阅读活动"。做好科普工作，泉州市老科技工作者协会（以下简称泉州市老科协）有这份热心，也有这份担当。特别是在"泉州：宋元中国的世界海洋商贸中心"项目获准列入《世界遗产名录》那一刻，如何让更多的人知晓世遗的泉州和与海共生的泉州，如何向世人展示以泉州为代表的中华海洋文明，如何将泉州辉煌的科技创新告知大众，如何向外人解释泉州一体多元、兼容并蓄、商工并举的开放理念……我们肩上有着一份沉甸甸的责任。

的确,泉州是一个十分迷人的地方!千余年来,这里的族群坚持守正创新,勇于踏浪高歌,以先进的科学技术和开放的思想,开辟连接东西方的海航通道,以海为途、以商交友,推动泉州成为世界海洋商贸中心。他们兼容并蓄,吸纳闽越遗民向海而生、人海相依的海洋文化,接纳阿拉伯等多民族的先进理念,以高水平的科技演绎了许多巅峰事迹,展现了中国的革新精神。

泉州给了世界一个十分低调又勇于高歌、十分恋乡又敢于梯航的印象。

这是世界的泉州,她以"宋元中国的世界海洋商贸中心"入列世界遗产名录,向世界展示了"向海而兴、多元互信"的中国海洋文明模式。

这是中国的泉州,她站在改革发展前沿,入列全国文明城市;2020 年以来 GDP 连续突破万亿元大关,"晋江经验"影响全国上下。

泉州市委定位泉州未来发展的目标之一是建设"海丝名城"。"海丝名城"所蕴含的泉州特色至少有四个方面值得提炼:一是千年来走向世界的商贸活动规律和中国模式海洋文明;二是改革开放以来形成的名扬大江南北的民营经济和"晋江经验"的文化底色;三是坚守道统和守护传统的文化自信;四是厚德载物、慎终追远的故乡记忆和感恩心态。

关于泉州的描述,我乐意借这个机会在这里转发拙作《宋元泉州,"光明之城"向海生》(《福建日报·第

44 届世界遗产大会特刊》2021 年 7 月 16 日），以飨读者。

　　这是一片橙色的世界：温暖、欢乐、华丽、车马辐辏，商业繁盛，财源滚滚。刺桐城敞开胸膛，笑迎四方来客。日子过得如东西塔顶的金葫芦，熠熠闪光。"涨海声中万国商"，"市井十洲人"，古城四根方柱，顶着壮实的身躯，与世界对话。文明，和平，广博。

　　古韵悠长，城脉沿袭的泉州，像一位满腹经纶的老者，向后人讲述着朝气蓬勃的故事。

　　泉州的历史蕴含着丰富的中华优秀传统文化，吸纳了世界各地多元文化，创造性演绎了东方海洋文明，引领了宋元时期世界海洋商贸的发展。

　　历史上的泉州，许多科学技术对中国和世界都产生过巨大影响。例如，高超的水密隔舱造船技术，提高了那个时代世界海上远航交通的安全性能；让世人刮目相看的桥梁技术，"筏形基础""养蛎固基""浮运架梁"造就了中国古代四大名桥之一的洛阳桥，"睡木沉基"建成了中国现存最长的跨海梁式石桥安平桥；磁灶窑和德化窑等陶瓷古窑以先进的窑炉技术生产了大量令世人爱不忍释的瓷器产品，推动了海上商贸活动；国内首个科学考古发掘的安溪青阳块炼铁产品，是宋元时期海上丝绸之路贸易的重要商品,其"板结层"冶炼处理技术更是独具一格……

这是中国的泉州,更是世界的泉州!

中世纪的泉州刺桐港是世界级的港口,不仅拥有良好的港口航道,还拥有良好的地理优势。刺桐港北承宁波、杭州、扬州、南京,西南接广东、广西,构建了以泉州为中心的港海航线,宋代市舶司的建立促使泉州一跃成为中国与世界商贸交流的世界级大港。

刺桐港连通亚欧非上百个国家和地区,泉州先民以创新的精神开创了宋元泉州港400年辉煌历史。他们敞开胸怀迎纳来泉交流的不同文化,留下了千年古迹;舟船为马、梯航万国、开辟世界航海通道,展示了"和合共赢、坚韧进取"的中华海洋文明。

那个时期的泉州,造船业领先世界;曾公亮《武经总要》记录了"火药配方";赵汝适的《诸蕃志》、汪大渊的《岛夷志略》都展示了海航商贸的精彩。泉州的先民把中华文明传向欧洲,在欧洲的文艺复兴、科技发展和海航繁荣中发挥了不可估量的作用,为欧洲的文明发展作出了贡献!

在刺桐港衰落之后,泉州人仍然继续他们的耕海牧洋,坚守东南海疆,开辟台湾宝岛;继续浮海"过番"(泉州人把赴南洋谋生称为"过番"),坚定地走向世界，把象征海洋文明的海神天后信仰远播到海丝沿线各国，把"和而不同、互惠友善"的中华文化展现给世界人民，为侨居地的经济和文化建设作出了卓越的贡献。

让世界最为惊讶的是，泉州的多种宗教竟然能共存相容，伊斯兰教、景教（古天主教的一个支派）、天主教、印度教（婆罗门教）、基督教、摩尼教（明教）、拜物教、犹太教与道教、佛教共处一城。

可以想象那个时期的泉州，清真寺的祈祷、摩尼教的圣火、古基督教的祷告、佛教的梵音、道教的清修，以及天后宫的顶礼膜拜和府文庙的琅琅书声，是那样和谐美妙地交融在一起，向世界展示着中华文化的生命活力。历史上中国有多个对外港口，同样都是在儒学思想的影响下，唯独泉州能兼容并包、多元文化共存，特别是刺桐港衰落之后，这些宗教遗迹犹在，很关键的一个原因是，泉州先人敬天、敬地、敬自然的杂糅信俗使"你好我也好"的人间生活信条转化为宗教和谐相处的心灵依据。

泉州族群礼佛敬神，信俗杂糅，其深处隐藏着对人生平安和生活幸福的寄托，张扬着泉州文化独有的个性。有心人还会发现，开元寺里有古印度教雕刻的石柱，泉州奏魁宫庙墙隐藏的装饰有十字架、天使、莲花、云纹、华盖等图案的古基督教石碑，泉州草庵摩尼教明清之后转型为民间信仰，泉州天后宫收藏犹太教饰物"六角形"抱鼓石。这一切也都在诉说中华文化强大的融合力和容纳力。

古代海上丝绸之路改变了世界，通过向海外输送中国的茶、瓷、丝绸和中国工艺技术，通过民间互动传播儒家、道家思想，深刻地影响着沿线国家和地区，甚至改变了他们的生活方式和审美观念。许多国家崇尚中国瓷器之风盛行，日本和英国先后形成茶道文化和下午茶文化。

海上丝绸之路同样也在改变泉州，这座古城具有了"光明之城、和平之城、勤勉之城、智慧之城"的鲜明特色。海上丝绸之路开启了地理大发现之前的全球化想象。海上丝绸之路带给西方人的中国印象，成为他们对内变革社会与对外远航扩张的动力源泉。泉州族群在海外交往的实践中，逐步建立起中国与域外世界的对话体系。海上丝绸之路留给泉州族群向海而生的商贸意识，从古至今一以贯之。在当今国家改革开放的大好时机面前，泉州人的商贸活动更显生机，铸就了"泉州模式"和"晋江经验"。泉州成为中华海洋文明的代表、世界商贸运营的典范、中华民族拼搏江湖的样板。

泉州，一个充满神奇故事的地方。在这里，你会发现，早在西晋时期就有汉人信仰的道观、寺庙，还有刻录西晋年号的汉人冢墓砖石；你会发现，汉语其他方言已经消失了的秦汉古音还在这里的人们口语中延续，古代汉语的基本词汇依然活跃在他们的生活之中……泉州，就似开元寺中的千年古桑，历经风霜雨雪、雷轰电击，依然枝叶繁茂、勃勃生机。

泉州先民从北方而来，他们无论在什么样的环境中，都坚守"厚德载物"的民族文化共识，不忘来处、尊宗敬祖、心存"三畏"（畏先灵、畏神灵、畏生灵），绵延多元融合的文化传统，成为维系中华活态历史文化的典范。

泉州族群打破"重农抑商"传统思想，依托东南海疆，打造宋元中国的世界海洋商贸中心，向世界展示中国的海洋文明，使泉州的经济地位从边缘走向中国和世界的中心，成为全球瞩目的焦点。

泉州族群深度演绎"自强不息"的优秀传统精神，破解"安土重迁"的农耕思想，自古至今始终坚持开拓精神，寻求发展机遇，开辟台湾宝岛，走向世界各地，成为中华文明的使者。

泉州文化的核心精神，一是重乡崇祖——坚守文化根脉，传统不丢弃，新潮不落伍！二是爱拼敢赢——自强不息，敢于险中取胜、向海而生！三是重义求利——坚持利益共享、互惠共赢，讲究实际、反对虚无！四是山海交融——善于趋利避害、灵活机变！

泉州是一个古老而又朴实的地方，承载着不断进取、坚韧顽强的文化精神。在汉武帝平闽并移闽越人于江淮间之后，汉人开始进入闽地开发泉州，迄今至少也有 2000 多年的历史；以朝廷在泉州设立东安县（公元 260 年）算起，迄今也有 1761 年。

泉州还很年轻，虽然已经步入 GDP 万亿俱乐部。宋元刺桐港的辉煌，带给了泉州无上的荣耀，同时也赋予泉州不断进取的信心。21 世纪"一带一路"的建设，泉州依然立足改革开放的潮头，依然在海上丝绸之路中奋进。

科普有多重要？习近平总书记深刻指出："科技创新、科学普及是实现创新发展的两翼，要把科学普及放在与科技创新同等重要的位置。"这为我国新时代科普工作指明了发展方向，提供了根本遵循。

加强科普工作，不仅是泉州市老科协的责任，泉州市热心公益事业的企业家也有这个意愿。作为泉州市老科技工作者协会会长，我希望能在时贤已有的科普成就基础上，增添一点了解海丝名城泉州的可能。泉州市永顺船舶服务有限公司总经理、泉州船员服务行业协会会长郭永坤先生，在长期与海打交道的过程中，在服务来自全国各地的船员的过程中,深深感受到有必要从科普角度做些深入推介泉州的工作。我们彼此之间不谋而合。当我们把这一想法向泉州市科协汇报时,市科协领导当场给予了充分肯定和热心指导。

由泉州市老科协组织专家撰写、泉州市永顺船舶服务有限公司总经理郭永坤鼎力相助的"世遗泉州海丝名城科普丛书"于2022年9月正式启动,首辑推出三册。《泉州与海》由泉州师范学院著名历史学教授苏黎明先生承担。苏教授长期担任泉州师院图书馆馆长,中国社会科学院文化研究中心闽南文化研究基地副主任,有《泉州历史上的人与事》《泉州学研究》等十多部专著问世。《七分靠打拼》由泉州市人大常委会研究室原主任王伟明先生撰写。王先生长期关注和研究泉州古今事象,主编出版多部专著,并撰写了大量调研文章。《名城科技》由泉州市科技局机关党委副书记黄建团先生执笔。黄先生是福建省科普作家协会理事,泉州市科普作家协会副会长,撰写过科普图书《科技发展与智能制造》。

丛书以生动的笔触、通俗的语言、丰富的事例,将泉州向海而兴、泉州的民营经济和泉州科技创新三大特质串联一体,借以展示泉州独有风格。《泉州与海》以泉州曾经的世界海洋商贸中心和今日的辉煌,解读一千多年来泉州与海结下的不解之缘,向世人展示了古往今来泉州向海而兴、爱拼敢赢的精神。《七分靠打拼》呈现泉州千年商脉、侨商风采及改革开放后民营企业强劲崛起的雄风,勾勒"泉州人个个猛"、"输人不输阵"、勇立潮头、锐意进取的时代风貌。《名城科技》全面介绍泉州历史上曾经领先中国和世界的独特技艺和推动泉州当代民营经济创新发展的工艺技术,力图揭示泉州作为曾经的"东方第一大港"和如今跻身"GDP万亿俱乐部"的科技底蕴。

现代化使世界形成地球村,比起历史上任何一个时刻,我们彼此之间更加地贴近。但是,贴近不等同于了解。特别是泉州,她需要我们勠力去推开门窗,让世界再次走进泉州;她还需要我们全力去发掘其内涵,让人们增添前行的信心。今天,我们正昂首阔步行进在以中国式现代化全面推进中华民族伟大复兴的道路上,我们有责任向社会普及泉州的先进科学技术,有必要从泉州现象中提炼出中华海洋文明的核心精神和文化精髓,有信心再现厚重的世遗泉州形象,讲好泉州故事,参与推动中华文化走向世界。但愿首辑"世遗泉州海丝名城科普丛书"能为泉州走向明天增添色彩。

(林华东,泉州市老科技工作者协会会长,

泉州师院原副院长,二级教授,博导)

目 录

在我国浩瀚的科技历史长河中，泉州科技占有重要的一席之地，特别是在宋元时期，随着国家统一，社会安定，经济中心南移，市舶司在泉州的设立，一些治泉官吏采取了系列繁荣经济社会、鼓励科技发展的政策举措，泉州迎来了发展的黄金时期，各项技术创造和制造技艺得到了长足的发展。本篇主要选取其中与"泉州：宋元中国的世界海洋商贸中心"形成关联密切的，对泉州当代生产生活影响较大的，能够"古为今用"的科技成就进行介绍，重点突出其重要地位影响、制造工艺技术和历史文化传承。

第一篇 古代科技成就

泉州古代造船技艺

2021年7月25日，在第44届世界遗产大会上，"泉州：宋元中国的世界海洋商贸中心"成功列入《世界遗产名录》。泉州申遗成功，与宋元泉州先进的造船技艺息息相关。

那一艘艘福船，就如一座座浮动的桥梁，把中国与海上丝路沿线的一百多个国家和地区串联起来，迎来了泉州古代航海史上的高光时刻；那一艘艘福船，满载丝绸、瓷器、茶叶从泉州湾起锚，越过千重风浪，沟通了东西方文明，创造了世界海洋贸易史上的一个个奇迹。

悠久发达的造船历史

作为我国古代对外贸易的著名港口，泉州很早就成为我国古代沿海重要的造船基地。远在三四千年前，泉州古代先民即"刳木为舟，剡木为楫"。先秦时代，泉州就是古越族人居住的地方，已开始制造出头尾高翘的独木舟，这种独木舟被叫作"了鸟舟"，最适合在福建东南沿海航行。 南朝时期，泉州的大船已能到达南洋的马来半岛。 唐代，发达的泉州造船业为泉州海外贸易繁盛创造了条件，也让泉州成为与交州、广州、扬州齐名的中国四大港口之一。 五代时期，泉州因"环城遍植刺桐"，而以"刺桐港"闻名世界，建造的远洋大舶"泛于番国"。 宋元以后，随着指南针的广泛使用，泉州造船技术更为先进。 当时的泉州海舶，特别是大型海舶的建造，无论从形体到规模，都属全国一流。

泉州船舶以结构坚固、抗风力强、适航性好而著称于世。 从独木舟的制造，到造船技术的逐步发展成熟，航海技术的熟练掌握运用，再到海上丝路的全面开拓航行，为中国和世界的造船技术、航海事业作出了巨大的贡献。 唐代诗人包何在题为《送李使君赴泉州》的诗中留下了"云山百越路，市井十洲人"的诗句；宋代诗人李邴发出"苍官影里三州路，涨海声中万国商"的咏叹；宋代诗人谢履在《泉南歌》一诗中感叹"州南有海浩无穷，每岁造舟通异域"；元代意大利马可·波罗在他著名的游记里盛赞刺桐港是"东方第一大港"；摩洛哥著名旅行家伊本·白图泰慕名游历泉州，亲眼见到泉州"有大船百余，小船则不可胜数矣"的空前盛况。

惊艳世界的宋代古船

1974 年夏，在泉州湾后渚港发掘出土的宋代古船，是迄今为止世界上发现年代最早的、规模最大的木帆船。 这一重大考古发现，震惊了整个中国乃至世界的考古界，也是中国自然科学史上最重要的发现之一。 该古船的发掘出土，揭示了宋代中国的造船技术在同一时代是领先于世界的，也确立了泉州宋元时期作为我国海船制造中心的地位。

科考表明，这是一艘 13 世纪泉州建造的三桅远洋商船，通过 12 道隔舱板将全船分成 13 个舱，所有的舱壁钩连十分严密，水密程度非常高。 隔板与船壳用铁钩钉钩连在一起，并在两旁装置"肋骨"，以增加船体强度。 隔舱板和"肋骨"这两项技术都是我国造船史上的重要发明，可大大提高船体的安全性。 同时，确定航行方位的水磁罗盘、探测水深以及海底状况的测深锤……古船上出土的文物仿佛正向人们讲述着，宋元时代的泉州船员们凭借丰富的航海经验和航海技术驰骋于东西大洋间的故事。 那时航海习俗也逐渐形成，海神崇拜、祈风祭海等，成为独特的人文风景。

泉州湾古船陈列馆的宋代古船

技艺独特的水密隔舱

　　2010 年 11 月，泉州晋江市与宁德市蕉城区联合申报的"中国水密隔舱福船制造技艺"被联合国教科文组织列入"急需保护的非物质文化遗产名录"。

　　所谓水密隔舱，就是将船舱以隔舱板分隔为彼此独立且互不透水的一个个舱区。就一个单独的水密隔舱而言，它由隔舱板、船壳板、水底板、船甲板围成，构成相对独立的空间。隔舱板的位置与隔舱的尺寸大小及舱的用途密切相关。隔舱板一般设置在船壳板弯曲的拐点处，用以支撑船壳板，从而增加船体的强度与刚度。对于整艘木帆船而言，水密隔舱的数量与船的大小、用途有关。船只越大，隔舱越多。载客为主的船舶，要比货船具有更多的水密隔舱。

水密隔舱海船制造技术，在木帆船的建造过程中，包括船型设计、选料、建造工艺等基本内容。船型设计，多由造船师傅凭借自身经验，及代代口耳相传的营造法式，现场放样，没有精确的数据与图纸。选料，一般为樟木与杉木，樟木比较耐钉，杉木则比较轻。与现代船的建造工艺称为"结构法"不同，泉州地区传统的建造工艺称为"船壳法"，首先是安龙骨、钉龙骨翼板，其次钉部分水底板、安装隔舱板、钉舭板、安装梁拱，最后在隔舱板与船壳板相连接处铺设肋骨，将其他水底板钉完。船体主要结构完成后，再做甲板上的工程。在做好外壳的同时，舱缝也同时完成，先用桐油灰刷多道底漆，待干后，用麻绳掺桐油灰捻缝，再磨平，待干后，再整体上多道漆。树桅与治帆则在最后进行，接着还要外观涂装。在造船的过程中还有一套传统的仪式与禁忌。

水密隔舱福船制造技艺是中国于唐代在造船方面的一大发明，宋以后在海船中被普遍采用，部分内河船也有采用。 早在 13 世纪末，该技艺就由意大利旅行家马可·波罗介绍到西方，至今仍是船舶设计中重要的结构形式。 泉州沿海地区尚保留有这种传统的水密隔舱造船技艺。 该技艺对人类航海史的发展产生了重要影响。

传承至今的福船技术

中国古船种类多样，其中木制帆船中的福船、沙船、广船、鸟船是中国古代著名的四大船舶类型，充分体现了我国古代造船技术的先进和航海事业的发达。 福船作为我国古代的四大船型之一，是海船中的佼佼者，以泉州制造的福船为代表。 福船以其底部结构呈尖形、小方头宽尾肥大而方正，以及七星伴月"保寿孔"、水密隔舱装置、铁钉钉合、桐油灰塞缝、"十二生肖"暗示标记等独特技艺，而别于其他三种船型。 惠安峰尾黄氏造船世家就是其中的杰出代表。

峰尾黄氏造船源于宋朝，迄今已有 800 多年历史，因造船技艺精湛而闻名于世。 黄氏造船传人现仍在建造各式渔航船，其技艺至今已传承 145 代。明永乐三年(1405 年)，惠安峰尾黄氏造船世家参加郑和下西洋所用的六十二条大船的造船工程，统管船艺设计、工程规划、材料统筹、监匠训导。顺治十三年(1656 年),以黄都公为首的黄氏造船工匠,又为郑成功东征台湾、施琅将军收复台湾建造战船,功劳卓著,船艺载誉班门,驰名海内外。康熙二十一年(1682 年),黄都公受清廷任用为"通宪厦厂军工匠首领",分辖监造圭峰、沙格二澳战船。其中,"黑舶五青案"船型是福船制造的代表作,源于元明时代官船上枪炮洞口的构造形状,因古船两侧船舷涂黑色油漆而得名,峰尾人也称之为"黑舶五枪孔"。

黄氏福船制造技艺世泽绵长,不仅在泉港区峰尾、肖厝、沙格和惠安辋川、净峰、崇武等地广泛流传,而且还流传到长乐、福州、厦门、湄洲湾以及浙江温州等沿海地区。

泉州古代造桥技艺

　　泉州地处福建东南沿海，海岸线绵长曲折，湾多水阔。隋唐时代，泉州地面就已开始建造较为正式的桥梁；到了宋元时代，泉州港崛起成为"东方第一大港"，呈现了"涨海声中万国商"繁荣景象。泉州经济的发展和兴盛、交往交流的频繁、港口海交贸易的需求，还有官府朝廷的支持、地方民间的热情，催生了泉州地面一波声势浩大的造桥运动，其造桥水平之高、数量之多、规模之大、工程技术之复杂，在长达两千年的封建社会中，都是一个不可忽视的高峰。据《古刺桐港》一书介绍，泉州古代有名可据的各类桥梁达609座。其中，宋前12座，两宋159座，元代32座，明代100座，清代120座，民国2座。另外，考辨不清朝代的有184座。大量的桥梁建筑工程实践，创造出光辉的工程技术成就，洛阳桥和安平桥就是其中的杰出代表。

洛阳桥

　　乡愁诗人余光中曾回到故乡，用千步走完了洛阳桥，为这座千年古桥写下美丽诗篇《洛阳桥》，发出了"多少人走过了洛阳桥，多少船驶出了泉州湾"的千年之问。 时至今日，行走于洛阳桥上，我们仍然会为这屹立千年的"超级工程"感到震撼，它凝聚着古泉州人的技艺与智慧，也印证着千年世界海洋商贸的辉煌历程。

　　洛阳桥也称万安桥，始建于北宋皇祐五年（1053年），建成于嘉祐四年（1059 年），是宋朝修建的我国第一座海港梁式石桥，与赵州桥、广济桥和卢沟桥并称"中国四大名桥"。 桥长 834 米、宽 7 米，桥墩 46座，墩孔净跨 8 米；桥面石板长 11 米、宽 1 米、厚0.8 米，上置 6 或 7 条石板。 这座古桥，是我国古人高超造桥技艺的表现，创造了古代建筑的奇迹。

　　建造洛阳桥有三大技术成就可以载入史册：一是筏型基础。 建造一座桥最重要的就是桥的基座必须稳定，当时，工人们向大海里扔了很多石条，但是都被大水冲走了。 为了解决这一难题，能工巧匠们反复试验，找到了一个好办法。 他们等待风平浪静、潮水低落时，同时出动许许多多装满石条的船只，把它们同时填进江里。就这样，在水底垒起了一座长500米、宽25米的桥基，长长的桥基宛如一条水下长龙，静卧江底，再也不用担心它们被海水冲走了。这种建造方法，在世界史上都是首创。二是种蛎固基法。牡蛎繁殖能力很强，而且无孔不入，一旦跟石胶成一片后，用铁铲也铲不下来。工匠们利用牡蛎的这个特性，在桥基上种牡蛎。果然，没出几年，牡蛎把零散的石条、石头连成一个整体，又把冲散的石头也胶合在一起。三是浮运架梁法。利用水涨船高的原理，在退潮时，用木浮排将石材运送至两个桥墩之间的恰当位置；涨潮时，水面将浮排和石材整体托起，调整安放至桥墩；再待退潮时将浮排移走，完成桥面大条石的安放。

洛阳桥

此外，洛阳桥也有很高的艺术价值，桥两侧有扶栏，均有石雕、石塔，用以镇风；桥旁扶栏外尚存幢幡等形式的石塔，塔身浮雕佛像、图案；桥上筑石亭，供旅人休息；桥身及其附属建筑物，有许多艺术石雕，造型美观，有昂首挺拔的石狮，有口含石球的球狮子，亭东侧有"万安桥"及"万古安澜"等宋代摩崖石刻，体现了洛阳桥建筑技术与艺术的完美结合。

洛阳桥建成后，各地闻风兴起，争相仿效，在泉州掀起一场"造桥热潮"。

安平桥

我国著名桥梁专家茅以升在《安平桥》一文中赞叹道："这在世界古桥中，恐怕是唯一的。"这是对安平桥高超的造桥技术的高度评价。

安平桥位于泉州城西南方向30公里的晋江安海镇与南安水头镇交界的水域上，这里是泉州与其南面的漳州、广州等地区联系的要道。因桥长约五华里，俗称"五里桥"，始建于南宋绍兴八年（1138年），为古代世界上最长的石桥，也是中国现存古代最长的石桥。安平桥是古代桥梁建筑的杰作，1961年成为国家第一批公布的全国重点文物保护单位之一。

安平桥创造了当时三个世界第一——

最长的石桥：安平桥的桥体东西走向，是花岗岩石料构筑的梁式石桥，全长 2255 米，约 5 华里，享有"天下无桥长此桥"之誉。

用石料量最大的石桥：安平桥有疏水道 362 孔，桥墩 361 座，桥板 2308 条。整个工程包括桥栏、桥台及附属建筑等，需石材 45000 立方米。该桥成为用石料量最大的石桥。

唯一采用三种不同桥墩的石桥：由于港道有深有浅，水流有缓有急，设计者因地制宜，根据海潮洪水的流速和流向的不同，设置桥墩的位置和形状，筑成长方形、单尖船形、双尖船形三种式样。在水流缓慢的浅水域里筑长方形墩，在水流湍急的水域里筑单尖或双尖船形墩。

安平桥比泉州洛阳桥迟建 85 年，它吸取了洛阳桥的建桥经验，又有所创新。安平桥的桥墩基础，不但采用以往普遍使用的"打桩基"，而且还采取更为科学的"睡木沉基"法，也叫"卧椿沉基"。由于安平桥建造时，港道水深泥烂，抛石容易下陷且散落，浪费大量石材，于是聪明的泉州人想出了卧椿巩固基础的办法：在泥滩上将椿木平列分层交叉，然后垒压上大石条，随石条的加高，重量不断增大，木头排便渐渐沉陷至港底的承重层，从而奠定桥墩的基础。"睡木沉基"法既简便，又省工省料，这是泉州人民在大量桥梁建造实践中积累、发展出来的先进技术。

　　"睡木沉基"可使桥墩建在坚实的基础上，增强桥墩的坚固性。 这是继洛阳桥的"筏形基础"后又一可贵的创造。

安平桥

泉州古代造塔技艺

泉州古塔是闽南历史的见证，无论是其外形特征还是内部结构，既受到中原文化的影响又具有比较鲜明的地方特色。

泉州造塔始于唐，历朝都有修建，大小不等、形态各异的通塔有的没有纹饰、简朴大方，有的则雕饰华丽繁复。从宋代开始，建筑物大量使用石材与砖，由于泉州地区花岗岩较多，因此现存的古塔中几乎是花岗岩石塔，一般为白色或青色，但随着气候和空气的变化，也会发生改变。

泉州古塔有空心塔与实心塔两类，但绝大部分是实心塔。空心塔数量较少，比较有代表性的有东西双塔、姑嫂塔、六胜塔、瑞光塔、留安塔、铁峰塔和镇海塔。空心塔内部结构较复杂，建筑工艺要求较高，一般都有楼层，并修建砖石或铁制阶梯，以便攀登。

位于泉州西街的全国重点文物保护单位开元寺和东西双塔是十分令人神往的，几乎所有到泉州的游客都要至此一游，可以说，没到过开元寺就等于没来过泉州。而泉州的古代寺和塔的建造技艺，其科学价值、艺术价值，也是以开元寺及东西塔为代表，但很多人对其科学价值并不十分了解，有必要进行科普。

开元寺

唐垂拱二年（686年），泉州富商黄守恭献桑园之地，由匡护禅师在泉州西门外建莲花寺，唐开元二十六年（738年）改名开元寺。现在看到的泉州开元寺，是中华人民共和国成立后不断修复才重放异彩的千年古刹，并成为全省最大的佛教建筑群，亦为全国同名寺中之最大的。

泉州开元寺和东西塔

　　开元寺总面积 7.8 万平方米，南北长 260 米，东西宽 300 米。开元寺的中轴线自南至北由照墙紫云屏起，经山门、天王殿、拜圣亭、拜庭、月台、两廊、大雄宝殿、甘露戒坛、藏经阁、五观堂等建筑物组成；东翼建有檀越祠、准提禅林（小开元寺）；西翼有功德堂、尊胜院、水陆堂等。

　　大雄宝殿是寺内中心建筑物，为明洪武二十二年（1389 年）重建的，面积 1387 平方米，是省内现存体积最大、构架最复杂的一座。通高 20 米，屋顶重檐歇山，平面九间九进，俗称百柱殿，实则内部省去两排，只有 86 柱。主要科技成就是建筑刚度好，结构上保存"唐风宋韵"，采用殿堂制和厅堂制相结合的抬梁式木构架方式。殿身下部采用"明栿"做法，以粗巨石柱支承通梁。柱头以上施以七铺作斗拱 76 朵，分布在周围和前槽，高度几乎达柱身之半，组件皆用二等材，且全部使用水平直拱，不用斜昂，形成一个独立的铺作结构层。其他梁枋等水平构件也用雄巨简练的斗拱作隔架。平屋斗拱后尾，附刻飞天乐伎 24 尊，姿态优美，飘然欲动，为殿堂内景增添无限神秘色彩。斗拱以上覆以天花板，殿身后槽为了横列身高 6 米的"五方佛"，省去内柱两排（14 根）跨长 7 米"大通"6 根，凌架高悬，形成一高敞空间，以利膜拜佛像，效果突出。天花板以上施以"穿斗草架"，构成上部屋架。上下层木作工艺，精粗有别，枝樘固济，繁而不乱。大殿由柱网、铺作、屋盖三个结构层作整体组合，井然有序，为闽南现存年代最久、规模最大、结构最佳的遗构之一。

甘露戒坛是开元寺内地位仅次于大雄宝殿的建筑单体。现有戒坛是清初重建，但保留明初复建形状，四重檐、八角攒尖顶式建筑物。戒坛面积654平方米。坛顶藻井为无梁结构，采用如意斗拱，形如蛛网，工艺精巧。斗拱附刻捧文房四宝的24尊木雕飞天乐伎，风格独特。

东西塔

开元寺内的东西塔是中国现存最高的一对石塔，相距200米，凌空对峙。其高度、建筑结构、造型规划，在国内古石塔中都无与伦比。东塔称镇国塔，西塔称仁寿塔。双塔先后于南宋时期改为现存的八角五层楼阁式仿木构的花岗岩石塔。"刺桐双塔"已成为泉州重要城标而驰名海内外。

这一对石塔，形制结构基本相同，都是平面八角套筒结构仿木五层楼阁攒顶式建筑。石塔由外向里分回廊、塔壁、塔室、塔心柱四个部分，从下到上主要由须弥座、塔身、塔盖和塔刹等组成。东塔高

48.27 米，西塔高 45.06 米。

坚固牢靠是建筑物的第一要素，双塔的工程设计从整体上来考察是符合科学要求的：

一是塔平面呈八角形，每一角都是支点，比之四角形、六角形支点多，稳定性强。而且八角形的边缘线条曲折，使由笨重呆板的石头所组成的塔身，形体趋向柔和，体现建筑学上的科学性与艺术性的统一。

二是塔身造型考究，亦蕴含建筑科学上多方面的成就，从须弥座的设计、砌筑技术、高度与周长的关系、层数的依据、门龛错位排列等方面都体现了科学性。

三是塔心柱和辐辏梁的设置。塔心柱就像车轮的轴心，塔壁如轮辋，八条大石梁就像八根车辐条，连接车轴和轮辋，组成一个辐辏状的套筒式的绞结体，使外围的塔壁和室内的塔心柱紧紧牵拉，相互攀抵，保证了塔身重心的聚向力，从整体上起了加固作用。

四是楼板架设方法。每塔各有四层楼板，用 10 厘米厚的长条石铺成。这样，每一层楼板有 3 个支架点，大大保证楼板的载荷能力。

五是塔顶收尖技术。依靠塔心柱直通到顶的条件，把塔盖的尖顶定位在塔心柱的顶端，塔顶就这样攒顶收尖，结构简单，合理又科学。

六是塔刹。 东西塔的塔刹用铸铁制成,用长各17米的大铁链8条,一端系在塔刹顶部,一端系在塔盖的8个檐角上,从8个方向增强相互对等的拉力,大大保证塔刹的稳固性。 因此,700多年来,虽多次受到台风、地震袭击,主体依然屹立如故。

此外,东西塔多式多样的斗拱,翚飞式塔檐,不但使整座石塔具有木构楼阁的艺术观感,而且在结构上也充分满足建筑结构力学的要求。

东西塔建筑的成就,足以反映出南宋时期泉州的建筑科技和工艺已达到很高的水平。 这是泉州东西塔建筑科技和艺术上的独特之处。

泉州民居营造技艺

"红砖白石双坡曲，出砖入石燕尾脊，雕梁画栋皇宫起"是对闽南红砖建筑的诗意表达，也道出了泉州古代民居营造技艺的主要特征。

泉州古民居营造技艺是以闽南红砖建筑为代表，在继承中国古典建筑精髓的同时，又汲取了闽南地域文化中的独特养分，从而在建筑结构、建筑装饰、雕刻题材和用材选择上形成了自己的风格与特长，在我国建筑科学技术和建筑艺术上占有独特位置。

一是布局严整合理。民居一般坐北朝南，从南到北中轴线上，排列二落、三落甚至五落的主体建筑，每落为三开间或五开间等。大厝中间为大厅，供奉祖先神位，俗称公妈厅，是婚丧喜庆活动场所。厅堂两侧为东西大房，作为主要居室。大房前有檐步，作为梳洗的地方；后有后房，作为婢妾居室或存放随身用物或箱笼的储藏间。正屋前面两侧有二厢房，俗称"崎头"，朝向天井一面常敞开，使大房既能通风，又避免阳光逼射，有遮阴纳凉的作用，也是客人、随从休憩的地方。 厅堂后壁多用可开启折合的大扇木门隔成，平时闭合与后轩分开。 每落厅前都有深井（天井），保证厅堂轩敞明亮，通风采光良好。 正屋两侧或一侧建有护厝。 整座古民居布局宽敞、闲静与舒适。

二是结构坚实牢固。 正屋一般分为台基、柱梁、屋盖三个部分。 台基平整后铺以角石，填上碎砖瓦而后夯实，上覆细砂，四周铺以长条石，布置柱处则置方块础石。 柱梁木构架的建筑刚度好，主要柱梁用材都比较粗壮，材质等级高。 清代泉南一带流行穿斗式木结构，斗拱、枋柱的榫卯加工细致，节点搭交严密，构件横平竖直。 屋面坡度相当平缓，正脊做成曲线，不但可以避免造型上的僵直，而且两端燕尾翘起，可以减弱屋面承受的风力。 桷上先覆以平面瓦，上以曲面瓦砌成槽，两槽连接处再用瓦筒填灰泥合缝。 这种"瓦筒厝盖"在沿海通行。

三是装饰工艺考究。 门面装潢，常以白色花岗石雕刻槛框，配以黑漆大门。 墙裙和柜台脚浮雕各种花纹图案，以高质量胭脂红砖砌成墙堵。 外墙下半部亦以细琢石板密缝垒砌，上叠砖墙或上筑土墙，内外以白灰粉壁。 厅堂前安装大石阶，天井及大门外平铺石埕。 堂屋大厅门面以木构为主、朱漆厅门，两侧各有合扇边门，上半部为木雕窗花，图案设计和做工都很精美。 正屋两侧壁堵，筑以土墙，含贴木柱，下以双石条叠贴为基，可与木柱共同承担屋檩压力，并增强全屋结构的整体性。至于厅房之间的隔堵，则在柱与通之方框间，涂上泥浆，外以白灰粉壁。

四是符合审美习惯。从审美的角度看，红砖墙反映其地域的风格特性，形成了"闽南"风格。泉州古代民居砖石混砌的"出砖入石"墙体、墙面的装饰及其色彩纹样，在中国建筑史上，有它独特之处。特别是砖石墙所蕴含的审美样式、装饰图式，对保持与传承中华民族本土文化，具有重要意义。

五是重视排水设施。各落之间，堂屋和护厝之间，都配有深井，深约为 30～50 厘米，作为承集屋面雨水的地方。深井东西两侧和南面，都有暗沟和向外大涵沟相连，而大涵沟又汇入与街道相连的"大濠沟"。

在千年的传承过程中，泉州传统民居形成了一套木匠牵头，泥匠、瓦工、石刻工、木刻工等各自独立、分工协作的建造程式，其各自的技艺特征，是中华民族优秀传统文化中的珍贵遗产，具有历史文化研究价值。

蔡氏古民居

南安蔡氏古民居建筑群，位于南安官桥漳里村，是明清时期闽南民居红砖大厝的典型代表，为国家级文物保护单位。

蔡氏古民居主人蔡浅，南安人，清朝光绪年间著名旅菲华侨。古民居建筑群于清咸丰五年（1855年）兴建，光绪三十三年（1907年）全部完工，前后历经52年，现存建筑有13座古大厝，总占地面积约100多亩，大小房间400间，坐北朝南。

蔡氏古民居

南安蔡氏古民居群建筑装饰技艺，吸收南洋文化和西方建筑的装饰艺术特点。大厝石墙体和在大门周围重要部位采用辉绿石装饰的建筑手法，与现存的北宋伊斯兰教寺院清净寺的高大规整石砌墙体，以及辉绿石砌筑的穹窿形拱顶大门一脉相承；外部墙体注重用红砖拼凑出各种华丽的装饰图案，则与现在西亚阿拉伯建筑的装饰风格十分类似，堪称"世界建筑重要遗迹"。

南安蔡氏古民居群的大厝，排列五行，每行有 4 座的，也有 2 座的，每座民居大多为二进或三进五开间，各有护厝，或东西两边双护，或单侧一护。主体建筑为硬山及卷棚屋顶，上铺红瓦及筒瓦，燕尾形屋脊，穿斗式木构架，座座大厝既有独立门户，又有花岗岩石条铺筑成石路石埕相连着，成为集群建筑，既作行路又作晒谷场，以及休息时闲坐、纳凉等活动之地。厝间有 2 米宽的防火通道，俗称火巷，小路两边都有明沟用以排雨水。

整个建筑群规整通透，座座屋脊高翘，雕梁画栋，门前墙有砖石浮雕，立体感强，窗棂雕花刻鸟，装饰巧妙华丽，布局精妙，是明清时期红砖大厝的典型代表。

南安蔡氏古民居建筑群墙体的构造，为实砌砖墙或墙石混砌，红砖白石形成红白相间的墙面视觉效果，由砖与石两种不同材料混砌的"出砖入石"，形成一种装饰美感在石的表面与砖的表面产生质地的对比。室内地面铺砌耐湿耐磨的红方砖，厅口、天井、厢房、墙础、台阶、门庭等铺砌平整条石，四周墙面贴砌红砖。 二进三开间大厝，是由"下落"（或"前落"）、天井及两厢、"上落"三部分组成。 大门左右各有一间下房，合称"下落"。"下落"之后为天井，天井两旁各有一间厢房（或称"崎头"）。 过天井为主屋正房，中间是厅堂及后轩，其左右各有大房、后房，以东大房为尊，合称"前落"。 厅堂是奉祀祖先、神明和接待客人的地方，面向天井，宽敞明亮。 卧室房门悬挂布帘或竹帘，房顶天窗较小，房内幽暗，体现"光厅暗房"。 大厝前加门庭，东西两侧及后轩外面或加护厝，作卧室或杂物储藏间。 为了避免外人窥视院内活动，大门一般要逢大事才启开，入门处正中又置有木板壁或屏风，平时由两侧边门进出，整座建筑群布局严谨。

蔡氏古民居建筑群沿袭、保留了传统闽南民居建筑技艺，至今已有 150 多年，历史久远。 该建筑群气势宏伟、布局严整、设计独特、精工巧饰，为闽南所仅见，充分体现闽南传统民居建筑浓厚的文化内涵，有重要的历史文化科学研究参考价值，被誉为"闽南古厝大观"。

杨阿苗民居

　　杨阿苗民居，坐落在鲤城区江南街道亭店社区，是院落式闽南民居的典型，其营造技艺集中展示闽南民居的特点、建筑装饰的精华和闽南文化的底蕴，属闽南传统民居营造技艺。

　　杨阿苗，原名杨嘉种，旅菲华商。杨阿苗民居，始建于清光绪二十年（1894 年），历时 18 年，至宣统辛亥年（1911 年）完工，属泉南典型的"皇宫起"闽南传统民居建筑，为福建省文物保护单位。

杨阿苗民居

　　杨阿苗民居总面积 1349 平方米，其布局和风格体现闽南建筑文化的"风水"玄理，具有按中轴线对称排列和多层次进深、前后左右有机衔接的特点，并讲究雕刻装饰风格。 主体建筑为五开间，东西两侧前为三开间，后为护厝单列，对称护厝单列，进深三落。 整座民居前铺大石埕，石埕外围为砖彻围墙，东西两侧各有大门直通内外。 这座民居的独特之处，就是主体建筑中，东西两侧梢间与厢房之间，各自形成两个小巧直向的内庭院，共五个庭院，俗称"五梅开天井"。 又在东侧花厅前加造一个卷棚式方亭，方亭内设有美人靠木栏杆，两侧庭又分两个小巧的庭院。 房屋内外墙上、檐下、壁间、柱头和门窗装饰着十分精美的木雕、砖雕、漆雕、灰雕和辉绿岩、花岗岩石雕。 采用透雕、浮雕和平雕手法，精雕细琢大量的珍禽异兽、花鸟游鱼、山水人物、三国故事、博古图案，特别是圆形青石窗格和壁垛屋檐下的"水车垛"，雕琢双层车马人物，持刀操枪，神采奕奕，匠心独运。 整座厝面前堂装饰、配色协调雅致，建筑角间的窗棂雕刻堪称一绝，浮雕、空雕的花鸟，姿态不一，以静显动，栩栩如生。 厅堂壁垛摹刻唐颜真卿、宋苏轼、明张瑞图、清吴鲁等古代书画家的书法艺术作品散发出浓厚的文化气息。

整座建筑物规模庞大，布局严谨，工艺精巧，有较高的欣赏价值。 在闽南的民居中，也是很少见的，是明清时期泉州"皇宫起"闽南传统民居的代表作。

杨阿苗民居的营造技艺，区别于外地民居的主要特点有：规制严谨，风格独特，披瓦覆壁筒屋面、飞燕戬尾屋脊，红砖白石形成红白相间的墙面，"出砖入石"墙体，堆砌的水车堵，色彩斑斓的镜面墙，白色花岗石衬托的红色烟灸砖等，为其他地区民居所罕见；建筑构件配以饰件，石、木、砖雕广泛应用于脊吻、斗拱、雀替、门窗、屏风、栋梁等构件，基本上达到建筑必有图、有图必有意、有意必吉祥的艺术境界，体现"天人合一"的中国传统文化内涵和闽南建筑追求吉祥、和谐、堂皇的区域特征。

杨阿苗民居建筑集中体现"皇宫起"民居建筑封闭而有院落，结构严谨，中轴对称而主次、内外分明，以及艺术造型优美、雕绘装饰丰富等特点。 在文化内涵上，既体现了与中国传统文化相适应的封闭式主次尊卑尚礼氛围，又让人感受到海洋文化的影响。 墙面的红砖拼贴和镶嵌等建筑风格，与古罗马的红砖建筑和西亚阿拉伯建筑装饰处理十分类似，具有重要历史文化研究价值。

泉州花灯制作技艺

　　泉州花灯是中国优秀的传统工艺美术精品，每逢元宵佳节，泉州满街精灯荟萃，争奇斗艳。泉州的元宵节催生出泉州花灯，泉州花灯红火了泉州的元宵节。

历史悠久　闻名遐迩

　　泉州花灯历史悠久，具有鲜明的地方特色，是南方花灯的代表。泉州花灯制作起于唐代，盛于宋元，延续至今。史书记载了那时泉州元宵夜花灯之盛、泉州花灯品种之丰富及工艺之精湛，闻名遐迩。泉州花灯主要分布在泉州市鲤城区、丰泽区，延及周边的晋江市、惠安县、南安县和永春县。我国台湾地区和菲律宾、新加坡、加拿大、美国等地曾先后举办过大型花灯展，广受欢迎，深得好评。特别是一些华人居住国，每年都有华侨商家订制泉州花灯，在异地他乡庆祝元宵节或中秋节。 2006 年 5 月，泉州申报的灯彩（泉州花灯）被列入第一批国家级非物质文化遗产名录。

泉州花灯

品种丰富　美轮美奂

　　泉州花灯按造型结构分，有人物灯、动物灯、双喜灯、八结灯、卷书灯、芭蕉灯、莲花灯、关刀灯、宫灯、花篮灯、花瓶灯、无骨灯、锡雕元宵灯、绣房灯（包括宝莲灯、玉笔灯）、走马灯、拉提灯等多种款式。

　　按装饰功能分，则有座灯、挂灯、水灯、提灯四种。 座灯体积庞大、气势宏伟、造型美观、灯火明亮，设机关走马活动景、山水花草灯和亭台楼阁灯，有的更集光、声、电动于一体，远观近看皆宜，如结鳌山灯就属这种灯。挂灯做工精细、色彩鲜艳、图案优美、形态多姿，刻纸料丝灯和针刺无骨灯多属挂灯。水灯制作时采用防水材料，造型独特，安放在水面上，倒映水中，流光溢彩。提灯即元宵夜小孩子上街提着的孩儿灯，多模仿十二生肖动物形象，小巧玲珑、星星点点、妙趣横生。

按制作工艺分，泉州花灯有彩扎灯、刻纸灯、针刺无骨灯三类。彩扎花灯的样式丰富、颜色艳丽，是一种最常见的花灯，也是历史最悠久的花灯。刻纸灯不用骨架，全是用刻好图案的纸板拼成，故叫刻纸灯，之后在这些镂空的图案内镶上玻璃丝，便成了闻名遐迩的刻纸料丝灯。针刺无骨灯全是用钢针把制图纸上的图案刺出密密麻麻的针孔，再把针孔图案纸片粘拼成灯，光源从针孔中透出，显得玲珑剔透。

工艺独特　制作精良

泉州花灯造型美观，工艺精湛，透光性好，光彩夺目，有着极高的观赏价值和装饰价值。泉州花灯是泉州闹元宵习俗的重要组成部分，为人们沐浴在祥和瑞气之中，祈望新年行好运的诉求发挥了重要作用，历史悠久。 在泉州花灯传承、发展史上，历代民间花灯艺人起着引领款式新潮流和工艺创新的示范作用，功不可没。

彩扎灯制作过程：第一步，制作骨架。 最好选用可以弯曲的竹皮搭成框架，注意结实程度和柔韧性。 在处理竹篾时，应将竹子放在蒸汽室内（或加热半小时），然后取出，置阴凉处晾干，不得过分干燥，也不能放在强光下暴晒，而后刨去粗糙的表皮，裁取一定长度的竹条，长度根据灯笼大小而定。 灯架编织以交叉方式完成，在灯架中间，扎数圈竹圈于灯壁上，衔接的地方用细线或纸捻（以较有韧性绵纸为佳）绑紧。 当代也有用铁线做骨架的。 第二步，制作灯身、裱糊灯笼。 第一种方法是先裱糊棉纱布，再粘贴二层做灯笼用的单光纸。 如没有单光纸，细棉纸亦可，也可用几张白色、红色的宣纸或者洒金宣纸，裁成符合灯笼骨架的长宽。 裱糊棉纱布得先将稀释的糨糊，均匀地平刷在骨架表面，再将剪好的纱布轻附在灯架上，后用刷子沾糨糊刷平，刷平糨糊的刷子必须干净、不易掉毛，否则灯面将很脏。 同时，裱糊的纸也必须糊得没有接缝才算真正的裱糊完成。 糊好后，还可以用窄条的仿绫纸上下镶边，使之更为雅致。 第二种是用细薄彩色绸布直接裱糊。 第三步，将灯笼放在阴凉通风处晾干。 第四步，设计安装光源。 置放室内的花灯或小的花灯，只需要在灯笼里点几根普通蜡烛即可，烛光从镂空处映射出来，效果也不错。 但如果是室外使用或提灯，最好用灯泡和电池做一个简单电路。 当代花灯从安全角度出发，基本使用交流电和各种灯泡、灯管，也有采用霓虹灯管的。 第五步，设计安装光源后，根据需要开始做外部装饰和彩绘。 外部装饰可贴剪纸、花边等。 彩绘以个人所需图案描绘，如人物、花鸟、山水风景等；彩绘后，依情况来决定是否书写文字。 等文字、图案完全晾干后，系丝穗、缀流苏即大功告成。

针刺无骨灯制作过程：无骨灯是从琉璃灯衍变而来的。 琉璃灯用五色琉璃制作，其上品为"无骨灯"。 针刺无骨灯的灯面图案全是用钢针在制图纸上密密麻麻刺出来的。 针刺是针刺无骨灯制作中一道重要的工艺，一盏巴掌大小的茶壶灯，它的画面由上万个排列有序的小孔组成。 针刺无骨花灯工艺要求针眼均匀、针脚排列有序；一般体积都不大，要求没有一根骨架。 一般来说，每盏灯由10～60个灯面组成，凹凸成像，各种花纹的针工之精细可达到每平方厘米50孔以上。 整个过程需要经过构思、草稿、计算、绘图、粘贴、烫纸、剪样、装灯、凿花、竖灯、装饰等十几道工序。

料丝灯制作过程：按制作材料分大约有两大类，凡用纸折合而成的灯为纸灯，以竹篾片先扎成骨架再糊以纸或丝绢的为骨灯。"料丝灯"的工艺关键是在镂空的图案内镶上玻璃丝。

刻纸灯制作过程：先设计好图案后，再用刻刀在纸板上刻出来。刻纸灯不用骨架，全以刻好图案的纸板拼成。在这些镂空的图案内镶上玻璃丝，就创作出刻纸料丝灯。

泉州花灯是中国优秀的传统工艺美术精品，它集雕刻、绘画、书法、造型、配色、漂染于一身，并以独有的刻纸、针刺工艺和料丝镶装技艺而区别于全国各地的花灯，与传统彩扎花灯共同组成泉州花灯系列，独树一帜，具有较高的历史、文化研究价值和审美价值，以及广泛的装饰实用价值，影响深远。

泉州木偶制作技艺

　　2008 年北京奥运会开幕式上，泉州市木偶剧团向全球几十亿电视观众展示了中国提线木偶戏的独特风采，惊艳世界，世人纷纷把好奇的目光投向泉州木偶技艺。 泉州宋元时代是宗教文化极为发达的"佛国"，又是"海上丝绸之路"的起点，佛像造型与雕刻技艺高超，制作工艺精良独特，历史悠久。

　　泉州木偶头雕刻是一种古老的传统民俗工艺品，是深受世人喜爱的民间艺术珍品，列入国家级非物质文化遗产。 木偶，古称傀儡，起源于远古用作殉葬的"俑"。 木偶头（傀儡头）是木偶艺术角色的头部造型。 学界普遍认为"傀儡戏源于汉，兴于唐，盛于宋"，据《旧唐书》《后汉书》等古籍记载，汉代这种"刻木为人，像人之形"的偶人，已形成一种特殊的表演艺术。 傀儡头自然是傀儡戏的主要构成部分，而木偶头雕刻是由雕刻神像的作坊兼营的。 据清乾隆二十八年（1763 年）《泉州府志》之"风俗"记载："吾泉素称民淳讼简，昔人至以佛国为之号"，各式宫、观、寺庙的木偶神像雕刻应运而生。

泉州木偶头

　　泉州木偶头雕刻形象逼真，刻工精致，性格突出，脸谱结构严谨，粉彩鲜明，独具民族特色和地方特色。 泉州历史上曾出现不少无名氏木偶头雕刻能手，江加走是 20 世纪中叶一位裕后光前的雕刻艺术大师。 江加走的木偶头是雕刻和粉彩的极好结合，细微的画笔与优秀的刻工，洗练的刀法与精湛的技艺，都堪称一绝。 其木偶头雕刻造型优美，形象丰富，结构严谨，精雕细刻；颜色协调，纹彩美观，富有装饰意趣，扮相生动；构造精巧，五官灵动，表演丰富，妙趣横生。 他通过对人物形象的敏锐观察和研究，总结出脸部形象的美、丑、忠、奸、贤、愚，表情的喜、怒、哀、乐，都在五形三骨上发生复杂变化，并依据对面部骨骼和肌肉结构的理解，加以概括、夸张和变形，把不会动的"死"木偶头像变成会动的"活"木偶头，惟妙惟肖，活灵活现。 江加走不仅善于从外形上刻画人物的性格，更善于从错综复杂的表情中探索人物的内在精神世界，其创作手法达到高超的境地。 中华人民共和国成立后，江加走制作的木偶头像随着泉州市木偶实验剧团到罗马尼亚参加国际木偶节会演而传到海外，江加走因而被国际友人称为"木偶之父"。

木偶头制作工序主要有四个步骤——

步骤一：先将大叶樟木锯成木偶头大小三角形，然后根据不同的人物头像特征，按比例用刻刀定点从嘴巴鼻子和眼睛一步步地刻下来，后刻耳朵，刻完五官之后进行木偶头整体修光。 修光完毕将头颈部挖空以便表演时套入食指。 如果是五官活动的角色，就从木偶脑后打洞接通眼位装上活眼，然后用木块塞上。 木偶头原材料为大叶樟木，雕刻主要使用的刀具为直刀、斜刀、圆刀三种，直刀用于大面积地削平，斜刀用于五官的雕刻，圆刀用于脖子和活动部位的挖空。

步骤二：打底是在刻好的木偶头白坯上裱棉纸，施以拌水胶过滤的同安黄土浆，前后大约 12 遍。 待自然风干后，用毒鳍鱼皮进行表面的初步磨光，再用竹刀分出五形，并进行补隙修光等后续工作，最后用竹刀完全精细磨光，这个工序主要用于对木头毛孔的遮盖和让下一工序的粉彩中的水粉能够附着在木偶头上面。打底的材料为同安桂花土，工具为毒鳍鱼和各种大小竹刀、圆形竹刀。

步骤三：彩绘前先进行着粉（使用上等水粉）。不同的角色着不同的底色，着粉差不多12遍，风干完毕之后再以彩笔用中国传统彩绘颜料画上脸谱进行敷彩，使色泽具有经久不褪效果。画好脸谱后，再用刷子蘸四川石蜡拭光（盖蜡），使表面光泽美观。彩绘的主要原材料为金、银、辰砂、银朱、藤黄、锌粉、佛青、墨等矿物质原料；工具为水彩笔和各号码的狼毫描笔。打蜡原料为四川石蜡。

步骤四：如果有胡须和发髻的角色就要进行最后的一道植须、梳发髻工序。植须是把由真人头发做出的胡须栽进木偶头的脸部，不同的角色造型对应不同的胡须造型。小旦等女性角色就要梳发髻。发髻也是使用真人头发，需要一尺二的长度。小旦有齐眉旦、双髻旦、媒婆等20多种不同年龄和社会阶层的造型，每一种造型的发髻都不一样。发髻和胡须的原料为真人头发、牦牛毛、真丝等。

江加走木偶头

江加走一生最大的贡献是师承、发展了泉州傀儡头雕刻的优秀传统技艺。 他虚心吸取了前辈和同辈的木偶头雕刻家的丰富创作经验，深入民间生活，观察各种人物和寺庙佛像特征，锐意求新，创造出众多优美动人的艺术形象。

江加走的木偶头雕刻承袭泉州丰富的民间雕塑艺术，和古代泉州泥塑、石木雕一样，轮廓鲜明，简练含蓄，造型生动，刀法洗练，其雕刻的木偶头形象逼真，性格鲜明，脸谱造型和粉彩具有鲜明的民族特色和地方特色，其制作工艺精湛，已臻出神入化之境，是雕刻和彩绘完美结合的稀世珍品。

惠安石雕制作技艺

惠安石雕技艺源于古代黄河流域雕刻艺术，已有1600多年历史，文化底蕴深厚，与建筑艺术交相辉映，融中原文化、闽越文化、海洋文化于一体，汲取晋唐遗风、宋元神韵、明清风范之精华，在中原造型古朴、浑厚简洁的北派风格基础上，形成独有的精雕细琢、纤巧灵动、讲求结构和形态神韵之美的"世界范"。惠安也因此荣膺"中国雕艺之乡""中国建筑之乡""中国雕刻艺术传承基地""世界石雕之都"等称号。

深厚的文化底蕴

惠安石雕题材丰富、雕艺精湛、异彩纷呈的作品，经上千年的文化积淀，在不同的历史时期留下了蕴涵特定历史信息的精品。惠安石雕早期主要服务于宗教，多用在宫观寺庙的建筑设计、雕刻安装，具

惠安石雕

有浓厚的宗教色彩。 明朝时，惠安考上进士并在朝廷为官的人较多，各种牌坊、墓区的石雕产品也更多。 清代是惠安石雕大发展的时期，艺术风格趋向精雕细琢，注重线条结构和形态神韵之美，形成了惠安石雕的南派风格。 这一时期，是惠安石雕发展史上承上启下的时期，也是石雕工人开始走出惠安向外发展的时期，逐步向新加坡、印尼、马来西亚发展。中华人民共和国成立后，惠安石雕工艺获得了新的发展。 北京人民大会堂、毛主席纪念堂、南昌八一起义纪念馆、南京雨花台纪念馆、湄洲岛妈祖雕像、厦门郑成功雕像都大量地采用惠安石雕。 改革开放以来，惠安石雕注入了强烈的现代艺术新观念、新标准、新创意、新视点。 历经 1000 多年的繁衍发展，惠安石雕仍然保留着非常纯粹的中国艺术传统，保持着很完整的延续性，至今未被西方外来文化所异化，具有强烈的民族性。

独特的艺术风格

惠安雕刻技艺巧夺天工，是中华民族传统文化的一朵奇葩，素有"中华一绝"的美称。 1000 多年以来，惠安石雕历经传承创新，形成纤巧灵动的南派艺术风格。 依据表现手法的不同，惠安石雕分为圆雕、浮雕、线雕、沉雕、影雕、微雕、透雕等。 创作题材广泛，人物、动物、故事、场景，或情景交融，或针砭时弊，体现了"自然与理性结合之美"。 除了单纯的艺术享受，作品还体现出了人文关怀和对社会现象的思考。 惠安石雕在艺术风格上独树一帜，不可替代，有着形神兼备的特质；在造型上体现出让人惊叹的气势和动感，特别是很多摆件，其动态美和神态美让人叹为观止，艺术特征十分显著，突出纤巧、流丽、繁缛、精细、神奇；在细节方面十分生动、形象，富有赏心悦目的艺术效果。

精湛的石雕工艺

惠安传统石雕工艺，俗称"打巧"，其工艺流程主要包括捏、镂、摘、雕四道工序。 一是"捏"：打坯样。 先在石块上画出线条，而后进行初步的雕凿。 对于有限定内容的新雕作，有的在打坯之前先画张平面草图作依据，有的要先捏个泥坯或石膏模型，有的则以购买者提供的设计图纸为蓝图。 打坯样是一个重新创作的过程。 二是"镂"：坯样捏成后，根据需要把内部无用的石料挖掉。 镂空石料的技术是石雕工匠的重要基本功，如一只还没有幼儿拳头大的小石狮，要在嘴里保留掉不出来的小圆球，镂掉四周石料的难度是可想而知的。 三是"摘"：按图形剔去雕件的外部多余的石料。 这种剔除是对坯样的细加工，操作者同样应领会创作者的意图，才能使剔除的面积和深浅适度。 四是"雕"：进行最后的琢剁加工使雕件定型。 完成这一程序不但要有较高水平的雕刻技艺，更要具有鉴别能力。

此外，还有"修细"和"配置坐垫"等特殊工序。"修细"，就是修出光彩，有的作品最后还要用砂纸磨光，并用石蜡上蜡，这样就能达到色彩鲜艳、光彩夺目的效果。"配置坐垫"，主要是使作品稳固，起到衬托和补充的作用，使主体突出、丰满、醒目和完整。　坐垫样式多样，主要有自然石座、莲花座、云纹座、水纹座、图案座和鳌鱼座、花蹲座、鱼水座等特殊坐垫。

经上千年的文化积淀，惠安传统石雕从单纯的手工技艺上升为一种独具特色的石文化，通过产业升级，不断推动雕艺技术改造，开展重点科技项目攻关，充分展现了勤劳智慧、善良朴实的惠安劳动人民的聪明才智和无穷的创造力。

德化瓷雕烧制技艺

德化县是我国陶瓷文化的发祥地和三大古瓷都之一。 2021 年 7 月，德化窑址作为"泉州：宋元中国的世界海洋商贸中心"遗产点之一，被列入《世界遗产名录》。 德化县是全国最大的陶瓷工艺品生产和出口基地，获评"中国瓷都""中国民间文化艺术之乡""中国陶瓷历史文化名城"，荣膺全球首个"世界陶瓷之都"。

悠久的历史传承

德化县位于福建中部戴云山腹地，瓷土资源丰富，水源充足，交通运输方便，是烧制瓷器的理想之地。 陶瓷制作始于新石器时代，3700 多年前的夏商时期开始制作原始青瓷，兴于唐、宋，盛于明、清，发展于当代。 其中，德化瓷雕自宋代始，至今从未间断，形成独特的制瓷工艺：一种是选用优质的高岭土直接塑造成型；一种是将泥塑翻制模具后再注浆或拓印成型，待土坯干后根据需要决定是否上釉，而后放入窑中在 1000 多摄氏度的高温烧制而成的。 中华人民共和国成立后，德化瓷业获得新生，德化瓷雕与建白瓷、高白瓷一道被誉为现代中国瓷坛的"三朵金花"，德化瓷业获得新生，瓷雕塑新秀辈出，他们继承前人的优秀技法和何派风格，并不断创新发展，使德化瓷雕塑艺术世代相传，绵延兴盛。

精美的瓷雕作品

德化陶瓷以"白"见长，素有"白如雪、薄如纸、明如镜、声如磬"的美誉，被称为"世界白瓷之母"，故有"中国白"之称。 德化民间雕塑艺人将雕塑与瓷艺结合，擅长制作白瓷观音，其特制的薄胎产品，薄如蝉翼，精美绝伦，是举世公认的白瓷珍品，充分显示着历代匠师们的创造智慧。 德化瓷塑是民窑瓷塑的杰出代表，其创作不受官窑烦琐拘谨的限制，取材广泛，造型优美、线条流畅、胎釉坚固致密；其产品器型丰富，集实用、装饰、观赏于一体，有民间陶瓷艺术的芬芳。 自宋代以来，德化瓷雕塑一直是我国对外的重要输出品，与丝、茶并誉于世界，在国际贸易中有重要地位。 它的外销，对制瓷技术在国外传播和中外文化交流作出了有益的贡献，推动了各个历史时期窑业技术的科技进步。

德化瓷雕

娴熟的烧制技艺

德化瓷烧制技艺是古老的中国传统手工技艺，经国务院批准列入第一批国家级非物质文化遗产名录。主要工艺流程：一是瓷土加工。开采与运输瓷土依靠人力及简单的工具，粉碎瓷土用水力车，料末入水池，从粗浆到细浆逐池淘洗，沉淀成泥浆后移入土库让它成熟，以吸水砖吸减水分。练泥用木柏，甚至光手赤足踩踏揉捻，全靠体力劳作。瓷土泥料历史上多用单一配方，仅加入一定比例的瓷土沙，调节其硬软性质，釉料以釉土、石灰、稻壳灰三合一为配料，以小箕斗为量具，计量不精。二是成型工艺。轮制工艺在北宋时已采用，利用辘轳车转动的惯性力，用手把泥块拉捏成型。同时，也采用模印工艺，用吸水陶模装入泥料，用手压印成型，经自然干燥、脱模粘接，然后对粗坯进行整修、粘胚、施釉、剐底等手工操作工序。到民国时期，才开始采用石膏模注浆法成型工艺，并较快地推广应用。三是窑炉烧成。传统窑炉有三种：一为自宋至今仍被采用的龙窑（分室龙窑、碗窑、蛇目窑），依山坡而建，尾上头下；头为燃烧室，尾置烟囱，利用地势坡度增强窑室烧成时的抽火排烟能力。窑室为阶级状，每级两侧设投柴烧火孔，数级设一窑门，以供装出瓷件之用，每级称为一目，短则十多目，多则达二三十目；以松木、松枝等作燃料。二为鸡笼窑：宋末元初出现一种介于龙窑和阶级窑之间，较易控制烧成火焰的鸡笼窑，开始改变宋初以来使用还原焰烧成的老技术，转而采用氧化烧成的新技术。明代窑炉砌建技术有新的创造，在全国首次出现装烧容量大，节省燃料、易受控制烧成火焰的半倒式的阶级窑。三为蛋式窑，又称阶级窑、"德化窑"，出现于明末清初

（1644 年前后）。窑体高大，由 4～5 级组成。每级之间有隔墙，下放通火孔，窑室顶部为圆拱形。外形如蛋壳，每室均开窑门，燃料全用松柴。至于彩瓷、烤花都是沿用砖瓦结构、用木炭为燃料的小炉。四是彩绘装饰。宋元时期已有白瓷印花，明朝开始有贴花、堆花，均属白瓷本色装饰。明正德（1506—1521 年）以后，出现用钴蓝手彩釉下青花，全盛于清。五是工艺技法。德化瓷雕又称瓷塑，融合木雕、泥塑、石刻造像等手法，传统技法有捏、塑、刻、搓、削、刮、接、擦、划等。其中捏塑法更是令人叫绝，人物的手、足、珠串、花饰、璎珞都是随后捏成，其精巧纤秀，工细逼真，可谓举世无双。

在我国乃至世界的雕塑史上，德化瓷雕以它独特的民族风格，利用自然材料和精湛的制作工艺以及艺术创造才能，成为永不凋零的艺术奇葩，立足于世界雕塑艺术之林。

磁灶陶器烧制技艺

磁灶窑址分布于晋江市西北部磁灶镇，该镇有"中国陶瓷重镇"的称誉。磁灶窑产品是古代"海上丝绸之路"的重要对外贸易商品。磁灶陶器烧制技艺列入泉州市第五批市级非物质文化遗产名录。2021 年 7 月，磁灶金交椅山窑址作为"泉州：宋元中国的世界海洋商贸中心"遗产点之一，被列入《世界遗产名录》。

历史渊源

泉州市晋江市磁灶镇，其境内丘陵起伏，蕴藏丰富的高岭土资源。磁灶陶器烧制技艺可追溯至西晋武帝泰始元年（265 年），至今已有 1700 多年的历史。据《西山杂志》记载："西晋武帝泰始元年（265年），便由江南人业于陶。至南朝隋唐以后施加工艺，釉彩青绿、青瓷各色。宋元明原陶，故磁灶是陶瓷而得名。"磁灶陶器烧制作坊主要分布于梅溪两岸，小船可载运瓷器由梅溪到泉州港，再装船外销。据乾隆版《晋江县志》载："瓷器出瓷灶乡，取地土开窑，烧大小钵子、缸、瓮之属，甚饶足，并过洋。"在泉州港挖掘出的宋代海船上，就有千余磁灶陶瓷的碎片，欧亚50多个博物馆和考古遗址，磁灶古陶瓷更是数以万计，泉州古代外销陶瓷博物馆就设于磁灶。

晋江磁灶金交椅山窑址

工艺特征

　　磁灶传统手工制作的陶品属陶瓷沙器，种类繁多，形态各异。 主要陶器有碟、盏、盘、瓶、罐、壶、瓮等。 釉色有青、绿、黄、黑、酱、橙等。 装饰手法有印花、贴花、刻花、画花、堆花、捏花等。装饰花纹有缠枝、牡丹、莲瓣，有龙、虎、凤凰、麒麟、孔雀等飞禽，以及鱼、虾、龟、蛙等水族雕塑和彩绘。 磁灶陶品的原材料黏土是早期地下沉积的硅酸泥土，黏性高，适用于手工制作，能制作出很薄的陶坯，厚度比一般陶器薄出许多，传热也快。

主要工序

　　磁灶陶器烧制技艺一般要经过拉坯、上釉、晾晒、装窑、烧制、出窑等工序。 一是拉坯：根据预制陶品的规格、手感确定陶土大小，将其揉成锥形，底部粘上糠灰，置于磁车，用脚由慢到快钩转磁车，利用磁车自重加速旋转的惯性为动力，经过"扩容""生""拉生""行大刺"等工序，把陶土由内向外扩、拉至所需的规格，其间需不断往陶土上添水，形成所需的陶坯后，用线割离底部或用"共刺"刮掉底部多余的陶土，双手合拢抱离车盘，放于木枋上晾干。二是上釉：陶坯晾至半干时，再经过修整、印花、纹龙等，待完全晾干后上釉水。坯体淋上釉水，需一个套一个晾晒，待干透后即可分开装窑烧制。磁灶陶瓷所用釉水有铅釉、矿石釉、草灰釉及乌釉等，其中，草灰釉因价格便宜且取材简单可自制而较为普遍。三是装窑：根据仓窑的容量、陶品的大小进行装窑，每件坯体需用"白赤土"泥块分段隔开，以防高温煅烧时因釉水流动而黏在一起。仓窑装满后，封上窑门，即可开始烧制。四是烧制：烧窑的燃料一般为松尾树，先烧灶头，连续燃烧加温十几个小时达到一定温度后，再一仓一仓向高处接续燃烧。窑炉的烧成温度需由烧窑经验丰富的"看火师傅"用肉眼观测窑内的火温，并根据窑内温度，在加料孔添加或停止加燃料，以达到窑内温度均匀。一般烧成温度在1100℃左右。五是出窑：整条窑炉烧成后需冷却一段时间方可出窑，以出窑师傅认为可以进出窑炉为限，一般为5～7天，不能急于出窑，因为窑门一开温度急降，可能出现炸坯、暗炸裂等废品。

　　磁灶陶器烧制技艺作为传统日用品陶器的制作工艺，见证了曾经的世界贸易大港泉州港的发展，为研究中国"海上丝绸之路"文化传播和价值提供了重要的现实依据，具有重要的历史价值。

安溪青阳冶铁技艺

2021 年 7 月，"泉州：宋元中国的世界海洋商贸中心"项目成功列入《世界遗产名录》，安溪青阳下草埔冶铁遗址作为此次申遗 22 处代表性古迹遗址之一，是宋元时期泉州冶铁手工业的珍贵见证，是目前首个国内科学考古发掘的块炼铁和生铁冶炼并存的遗址，保存了能够完整呈现泉州的冶铁生产体系和环境关系的珍贵物证。

对很多人来说，青阳下草埔冶铁遗址有些陌生。它既"老"又"新"，它的"老"不是陈旧，而是泉州冶铁手工业传承千年的珍贵见证；它的"新"则是基于文化积淀之上的重新出发。

古迹遗址的发掘

2019 年 10 月，随着北京大学考古文博学院考古队的到来，安溪青阳下草埔冶铁遗址一点一点地被揭开。 随着挖掘工作的不断深入，一个面积上万平方米，包含冶炼遗址、古矿洞、祖屋遗址、古道及为冶炼提供薪材的山地在内的遗址，逐渐被世人所见：已发掘的 6 个冶炼炉中，5 个被判断为块炼铁冶炼炉，1 个为锻炉。 此外，考古现场还发现了铸造于 11 世纪初期的钱币，铁钉、铁片、铁块等铁制品，炉渣、矿石、烧土、炉衬等冶炼遗物，以及 8 万多件陶瓷器碎片。 经过考古挖掘重现，一个从原料到加工再到运输的产业链条呼之欲出。

青阳下草埔冶铁遗址地处泉州西北山区腹地的五阆山余脉，位于安溪县尚卿乡青洋村。 早在五代之时，这里就有"冶有银铁，税有竹木之征"的说法。自北宋时期安溪已有官方设置的青阳铁场，据成书于北宋元丰年间的地理总志《元丰九域志》卷九记载："下清溪，州西一百五里，四乡，青阳一铁场。"《宋会要辑稿》记载："泉州清溪县青阳场，咸平二年（999 年）置。"《宋史》中亦有北宋庆历五年（1045年）"泉州青阳铁冶大发"的记载。 宋代冶铁的规模和产量较唐五代时期之前有了较大发展，全国遍设"监""冶""务""坑""场"，组织冶铁业生产或进行监管。 宋元时期安溪的冶铁业是官办、民办共存。

青阳下草埔冶铁遗址航拍图

板结层的独特现象

下草埔遗址的板结层是在冶炼过程中形成的独特现象。 板结层间距在 60～80 厘米之间。 每当冶炼垃圾堆积到一定的高度，便会在上端以"板结层"的方式进行处理，一方面起到压实、固定冶炼垃圾的作用，这是就地处理冶炼垃圾的简易有效的办法；另一方面也可以作为随后冶炼的一个操作平台。 因此冶场呈现出自下而上、依靠山坡修筑冶炉的独特冶炼方式，而且一旦到了山坡的一定高度，该冶场也随之弃用，另择其他场所。 冶炼遗物主要包括炉渣、矿石、烧土、炉衬四大类。 其中以炉渣数量最为丰富，普遍分布于发掘区各探方中。 根据炉渣质体比可将炉渣分为高铁渣与挂渣。 下草埔冶铁遗址及周边冶铁地点地表散布大量高铁炉渣、大块石头堆积等冶金遗存，具有明显排出渣特点，尤以槽型排出渣和扇形排出渣为典型。 台地上散布大量的大型石块，石块可见人为切割痕迹，平面规整，切角分明，部分石块带有弧面或单面烧结。 这些石块可能用作炉衬、炉壁、建材等，说明遗址使用石块垒砌小高炉进行冶炼。

块炼铁的独特技艺

作为首个国内科学系统考古发掘的块炼铁和生铁冶炼并存的冶铁遗址，这里有着较为完整的生产体系，可生产块炼铁、生铁和钢。 块炼铁冶炼技术，是在较低的温度下将矿石还原为固态铁（或称海绵铁、熟铁），再经反复锻打去除杂质。 生铁冶炼技术，是在较高的温度下将矿石还原为高碳液态铁，再经浇铸成型铁器的过程，之后可对生铁制品进行退火、脱碳等处理，获得更好性能的钢铁制品。

下草埔冶炼遗址使用小高炉进行块炼铁冶炼，炉容量远大于地炉冶炼，排出渣产量大。 小高炉冶炼生产积铁块经过锻打形成铁块、铁片等初加工产品后，再加工或运输至其他地区进行锻造再成型，制成铁器，成为海上丝绸之路贸易的重要商品之一。经过对炉壁、炉渣成分的实验分析，可进一步证实该遗址的冶炼性质为块炼铁遗址，以木炭为主要燃料。

遗址的东部有一条古道通往西溪，是产品外运的路线，这便形成了从原料到加工再到运输的产业链条。

安溪宋元冶铁业，经过明清以来的持续发展，历经千年，沉淀成为独具特色的地方传统手工业和经济形式。安溪不仅传承有序，如今又推陈出新，开创出"藤＋铁"的新工艺，成为全国最大的藤铁工艺品生产和出口基地，产品远销东南亚、中东、非洲、欧美等 60 多个国家和地区，是"中国藤铁工艺之乡"和"世界藤铁工艺之都"。

永春达埔制香技艺

一捆篾香扎成一束，往地上轻掷，落地后用双手很快地朝一侧轻扭使之自然摊开，篾香便像一朵花一样绽放开来，让人赏心悦目。

这一传统的晒香方法叫"掷香花"，是制香技艺里面一道技术与艺术互相融合的工序。永春篾香以其精美的外观、细腻独特的工艺、良好的点燃性及其独特持久、醇和清新的香气等特色，深受民众喜爱和好评。

丝路见证

永春达埔制香业的兴盛与我国"海上丝绸之路"有着密切的联系，在宋朝时就形成了一条闻名世界的香料之路。据史料记载，宋元时期，香料贸易随海上丝绸之路在泉州出现，曾任泉州市舶司提举的阿拉伯人蒲寿庚，其家族世代经营香料。在明末清初，其后裔迁到永春达埔，引进篾香配方与制作工艺，制香技艺在当地流传开来。

永春香都广场(黄建团 摄)

历时 300 多年，经过传统工艺、香方配伍的传承和改进，终成今日的达埔鼎盛的制香工艺。现有竹枝香、线香、环香等类型，在丰富传统香的基础上，新开拓了保健香、无烟香、微烟香、灵光香、贡香等系列产品，主要用于宗教礼拜、文化礼品、日常调养、医疗保健。永春篾香已成为永春文化与世界文化交流、整合的代表性和象征性的物品，被列入国家地理标志产品保护目录。永春被评为"中国香都"，以永春香为代表的福建香制作技艺入选国家级非物质文化遗产代表性项目名录，远销我国港澳地区以及马来西亚、印尼、越南等地。

取材天然

永春篾香用当地盛产的毛竹作香骨，天然植物山枇杷作黏结料，加入天然香料、本地的中草药等材料精制而成。首先要备齐竹签、染料、香料等：竹签分为方签和圆签两种，要求用本地种植 3 年以上、尾径达到 7 厘米以上的毛竹为原料，晒到竹枝颜色变白、易折断，并除去竹骨的竹须。香料取材多为天然香料，按照中药君臣佐使原则配置而成，其气味芳醇持久，沁人心脾。永春篾香一般用沉香粉、檀香粉和柏木粉；药香则选择泽兰、茯香、细辛、灵香草、柑松、大黄、甘草、芸木、白芷、三奈、川芎、当归、高良姜、公丁香、大茴等几十种中草药材。香粉用各种香料按照一定配比磨粉搅拌和匀，以保证和好的"香面"有黏性，能牢牢附着在竹签上，还要保证篾香制成后的香味和香薰效果。

技艺独特

　　每根永春香都需历经多道制作工序，迄今仍遵古法制作。兴隆香业的制作方法共有十式：

　　第一式"沾"：香芯沾水。选取适当长度规格竹枝香芯，确定香的种类再入水浸泡，留下香芯长度的10～12厘米不沾水，使其能搓上黏粉。

　　第二式"搓"：搓上黏粉。香芯均匀搓上黏粉，以搓揉的方式让黏粉附着在湿润的香芯上。

　　第三式"浸"：浸水。水分使黏粉产生黏性，以便黏附香粉，将打好底的香芯，浸水至与黏粉同一高度。

　　第四式"展"：展香。浸水后的香枝，展成扇形使香枝散开，再将香料粉撒于香枝上，使每支香均匀地黏附上香料粉，并将有瑕疵的香枝挑出。

　　第五式"抢"：抢香。展香撒上香粉后，用双手手掌将香做圆形的转动，使香料粉均匀地附着在香枝上，并将有瑕疵的香枝再次挑出。

　　第六式"切"：切香。以右掌和右臂抱住香枝，左手在上，让香枝圆形转动、互相摩擦，并在切香的过程中将多余的香料粉抖落，使香枝更加扎实且圆滑平整。

第七式"晒"：晒香。 将制好的香均匀交错铺陈在香架上，通风、日晒至七成干。

第八式"染"：染香脚。 将晒好的香收起，在香脚即没粘香料部分浸染颜色染料，至此香品既成。

第九式"晾"：晾香。 染好香脚的香重新晾开在香架上，经自然日晒至完全干燥后，即成臻香。

第十式"藏"：藏香。 将香扎成一束束，包装储藏。

细腻独特的手工工艺，让永春香持久醇和、香气独特、沁心入脑，有安神、养生、祛病等功效，为这项非遗传统技艺注入生机与活力。

惠安木雕制作技艺

惠安木雕是中国南方雕刻艺术的典型代表，是与闽南地区"皇宫起"仿宫殿式大型传统民居的建筑雕刻相辅相成而流传的民间艺术，素有"北有东阳，南有惠安"之称，在中国雕刻艺术史上占有重要的地位和影响，2007年8月被列入福建省第二批省级非物质文化遗产名录。

源远流长

惠安木雕技艺源于黄河流域的中原文化，又汲取闽越文化、海洋文化的技艺精华，并与建筑艺术相生相伴，历史久远，精致古雅，构思巧妙，有中国绘画的意境和趣味。惠安木雕既具有古朴淳厚、线条流畅、刚直简洁、人物造型端庄的中原痕迹，又具有南方雕刻文化细腻繁杂的工艺成分。惠安木雕兴于唐、五代，宋元时期渐臻成熟，其艺术追求和表现也由简至繁、由粗至细、由拙至精。 清末民国时，惠安木雕名师鹊起、精品迭出。 经上千年的文化积淀，惠安木雕精致古雅、构思巧妙，已成为当地经济发展的支柱产业和文化旅游品牌，而且较早传播到海外，其巧夺天工的技艺得到我国台湾地区及东南亚国家的广泛认同和推崇。

惠安木雕

技艺精湛

惠安木雕技艺复杂，因木材质地不同，有硬质木雕与软质木雕两大类，其装饰题材大致有纹样图案和寓意图案两种。 从应用及装饰范围分，有建筑雕刻、家具雕刻、陈设工艺品雕刻三大类。

惠安木雕要完成一件作品，需经过凿粗坯、掘细坯、修光、打磨、刻毛发纹饰、着色上光、配置底座等七道工序。一是凿粗坯。它以简练的几何形体概括全部构思中的造型结构，由外到内，要求做到有层次、有动势，比例协调，重心稳定，整体感强，初步形成作品的外轮廓与内轮廓。二是掘细坯。先从整体着眼，由内到外，调整比例和各种布局，然后将人物等具体形态及五官、四肢、服饰、道具等逐步落实并形成，要为修光留有余地。掘细坯中的镂空技巧，要求以纵纤维组合镂空，镂去多余的部分。要运用带筋法，即在作品的擎空易断的部位留下一小块料使其与临近的部位牵附，待作品完成后再用薄刀密片法把牵附之筋去掉。三是修光。运用精雕细刻及薄刀密片法修去细坯中的刀痕凿垢，使作品表面细致完美是修光的目的。要求刀迹清楚细密，或是圆转，或是板直，力求把各部分的细枝末节及其质感表现出来。四是打磨。根据作品的需要，作品完成以后，磨光工人需要耐心细致地将白坯木雕用粗细不同的木工砂纸搓磨成细润光滑。要顺着木纤维方向反复打磨，直至刀痕砂路消失，显示美丽的木纹，要注意保持作品轮廓清晰、线条流畅。五是刻毛发、纹饰纹。用三角刀刻画毛发、纹饰，要求运刀爽快、肯定，粗细均匀，一丝不苟。六是着色上光。着色要酌情而定，要求尽量体现出木纹的美，色泽要深沉明快，符合天然木质的种种美感。上光要求均匀渗透，亮而不俗。七是配置底座。要求底座的形状尺

度要与作品的内容形式相辅相成。充满曲线与生动
活泼的作品，可借简洁朴素的底座衬托，而造型简洁
或肃穆的作品则可以在底座上稍事雕饰。

技法娴熟

从表现形式分，有镂空雕刻、浮雕、浅雕、立体
圆雕、镂空贴花等。从雕刻技法分，有混雕、剔地
雕、线雕、透空雕、贴雕等。下面简要介绍几种常
用的雕刻技法。一是混雕：相当于雕塑技法里的圆
雕，具有三维主体的效果，可多面观赏，多应用于撑
拱、垂花等部位，混雕技法可将形象刻画得非常精
细，充满生气。二是剔地雕：传统木雕中最基本的
雕刻技法，通常指的是剔除花形以外的木质，使花样
突出。剔地雕有两种刻法，一种是半混雕刻法，将
花样做很深的剔地，再将主要形象进行混雕，成为半
立体形象，常用于额枋上。另一种是浮雕刻法，花
样周围剔地不深，花样不是很突出，然后在花样上做
深浅不同的剔地，以表现花样的起伏变化。此刻法
或在花样上做刻线装饰，勾勒花形，增强作品的装饰
效果，或表现花瓣的轮廓和结构，多用于装板、裙板
的雕刻中。三是线雕：通常以刀刃雕压花纹，讲究
刀法，具有很强的表现力。对于花纹的刻画和形象

的勾勒有着重要作用，还可以雕刻纹理，表现景物的质感。 线雕易于表现物像的外形，亦可增强物像的装饰效果。 四是透空雕：将木板刻穿，造成上下左右的穿透，然后再做剔地刻或线刻。 这种雕法需要有高超的技巧，刻成的作品正反两面都可观赏。 其花卉作品枝叶穿插流畅，花瓣翻卷自然舒展，常见于花罩、挂落、雀替、木门窗中。 五是贴雕：贴雕是后期雕刻技术创新的结果，即将雕刻好的图案纹样直接粘贴到建筑构件中，通常一些难以做剔地的刻件、连续纹样、轴对称的构件都是利用贴雕来完成。 其工艺省工省料，方便制作，而且艺术效果绝不逊色其他浮雕形式。

惠安木雕的发展历程是福建乃至中国民间艺术发展的一个缩影。 惠安木雕艺人在不同历史时期留下蕴含特定历史信息、题材丰富、异彩纷呈的木雕作品，展现了中华民族优秀传统文化的永恒魅力，进一步挖掘、保护、弘扬惠安木雕艺术，对丰富和完善中国雕刻艺术具有深远的意义。

安溪铁观音制作技艺

　　2022年11月，我国申报的"中国传统制茶技艺及其相关习俗"被列入联合国教科文组织人类非物质文化遗产代表作名录，该项目包含安溪县乌龙茶制作技艺（铁观音制作技艺）等。这是继2022年5月"安溪铁观音茶文化系统"被联合国粮农组织正式认定为"全球重要农业文化遗产"之后，再次获得的世界级殊荣，成为全球性的"双料"文化遗产。此前，安溪铁观音茶被评为世界十大名茶，被国家列入"原产地域保护产品"，批准实施地理标志产品保护。安溪铁观音制作技艺被文化部列入国家级非物质文化遗产名录等，可谓名满天下、誉享全球。

深厚的文化底蕴

　　安溪铁观音茶是乌龙茶类的代表，介于绿茶和红茶之间，属于半发酵茶类，是中国绿茶、红茶、乌龙茶、白茶、黄茶、黑茶六大茶类之一，极具东方色彩、个性鲜明。

安溪产茶历史悠久，始于唐末。宋元时期，铁观音产地安溪不论是寺观或农家均已产茶。明清时期，是安溪茶叶走向鼎盛的一个重要阶段。明代，安溪茶业生产的一个显著特点是饮茶、植茶、制茶广泛传遍至全县各地，并迅猛发展成为农村的一大产业。清初，安溪茶业迅速发展，相继发现了黄金桂、本山、佛手、毛蟹、梅占、大叶乌龙等一大批优良茶树的品种。乌龙茶制作技艺由安溪人发明创制，被载入许多著作中。民国时期的《建瓯县志》记载："乌龙茶叶厚而色浓，味香而远，凡高旷之地，种植皆宜，其种传自泉州安溪县。"《中国茶经》中也有这样的记载："闽南是乌龙茶的发源地，由此传入闽北、广东和台湾。"在民间也有"观音托梦"（魏说）和"皇帝赐名"（王说）两种传说，这些都说明安溪铁观音茶有着深厚的文化底蕴。

重大的科学贡献

安溪峰峦叠翠，土壤肥沃，山泉清冽，气候温和湿润，雨雾天气多，海拔 600 米以上，平均海拔 800 米，年平均气温 15～18 摄氏度，无霜期 260～324

天，年降雨量 1700～1900 毫米，相对湿度 78％ 以上，土质大部分为酸性红壤，pH 值 4.5～5.6，土层深厚，特别适宜茶树生长。

在长期的生产实践中，安溪逐渐形成了从传统铁观音品种选育、栽培、病虫害防治、茶园生态系统管理、茶叶采制工艺和茶的相关文化为核心要素的复合农业系统，并为中国茶业发展作出三大重要贡献：一是发明乌龙茶半发酵制作工艺；二是培育了铁观音茶树品种，至今仍保留有铁观音母树，丰富了世界茶树基因库；三是发明"短穗扦插"茶树无性繁殖技术，对我国茶树良种的选育，大面积茶树良种苗木的繁育，作出巨大的科学贡献。

独特的制茶技艺

安溪铁观音传统制作技艺是高超、精湛、独特的制茶技艺。 安溪茶农吸取了红茶"全发酵"和绿茶"半发酵"制茶原理，结合安溪的实际，创造出一套"半发酵"独特的铁观音制茶工艺，并根据季节、气候、鲜叶等不同情况灵活运用"看青做青"和"看天做青"技术，被茶叶界公认为"最高超的制茶工艺"。 制茶工艺主要包括采摘、初制、精制三部分。

1.采摘工艺。 铁观音茶采摘原则为"按标准、及时、分批、留叶采"，主要有开面采和定高平面采摘法二种采摘方法：一是新梢长到 3～5 叶快要成熟，而顶叶六七成开面时采下 2～4 叶梢，俗称"开面采"；二是定高平面采摘法：即根据茶树生长情况，确定一定高度的采摘面，把纵面上的芽梢全部采摘，纵面下的芽梢全部留养，以形成较深厚的营养生长层，达到充分利用光能，提高萌芽率，芽头生展平衡，促进增产提质。

2.初制工艺。 起初工序比较简单，纯粹用"脚揉手捻"，人工操作，后来制作工序、机具逐渐完善，至民国初期，已形成一套较为完整的初制工艺流程，有晒青、晾青、摇青、炒青、揉捻、初烘、包揉、复烘、复包揉、烘干 10 道工序。

3.精制工艺。 有筛分、拣剔、拼堆、烘焙、摊晾、包装 6 道工序。 制作优质精品铁观音，必须具备"天、地、人"三个要素。 天，指适宜的气候环境，在天气清朗，昼夜温差较大，刮东南风时，制作茶叶最佳。 地，指适宜纯种铁观音茶树生长的良好土壤、地理位置和海拔高度。 人，指精湛的采制技术。 在整个制茶工艺中，需根据季节、气候、鲜叶等不同情况灵活掌握"看青做青"和"看天做青"技术，灵活掌握各道工序中应注意的关键环节。 其主要制作方法：茶青在人为控制和调节下，先经晒青、晾青、摇青，使茶青发生一系列物理、生物、化学变化，形成奇特的"绿叶红镶边"现象，构成独特的"色、香、味"内质，再以高温杀青制止酶的活性，而后又进行揉捻和反复多次的包揉、烘焙，形成带有天然的"兰花香"和特殊的"观音韵"。

考究的形色香味

铁观音茶外形呈条状卷曲，肥壮圆结，沉重匀整，色泽砂绿，整体形状似蜻蜓头、螺旋体、青蛙腿。冲泡后汤色金黄浓艳似琥珀，有天然馥郁的兰花香，滋味醇厚甘鲜，俗称有"音韵"，是乌龙茶中的极品。铁观音茶按照国家标准可分为清香型和浓香型两大品类，可以细分为清香型、韵香型、浓香型、陈香型，其中清香型铁观音根据制作工艺不同又细分为正味型和酸香型两种。

安溪铁观音茶质特征主要有三方面："汤浓"指所泡茶汤呈金黄色，色泽亮丽，色度较深；"韵明"指安溪铁观音特有的"观音韵"明显，饮后口喉有爽朗感觉；"微香"则指比较而言，其汤味虽香但悠悠然不强烈。因此，安溪铁观音对储藏方法也有讲究，一般都要求低温和密封真空。低温保存是将茶叶保存空间的温度经常维持在5℃以下，使用冷藏库或冷冻库保存茶叶，少量保存或一般消费者可使用电冰箱，这样在短时间内可以保证铁观音的色香味。

安溪铁观音是安溪茶农长期经验的积累和智慧的结晶，形成了铁观音茶文化，具有重大的历史、文化、科学、经济价值。改革开放以来，安溪县实施茶业"优质、精品、名牌"发展战略，建设优质铁观音基地，改进铁观音制作技术。茶产业发展日新月异，成为全县的民生产业、支柱产业。安溪县成为全国著名的乌龙茶主产区和出口基地县。

永春佛手茶制作技艺

永春佛手茶因其形似佛手、名贵胜金，又称"金佛手"，主产于永春县苏坑、玉斗和桂洋等乡镇，海拔 600 米至 900 米高山处。永春佛手茶是福建乌龙茶中风味独特的名品，获得国家地理标志保护产品，通过国家标准审定，为其成为中国茶叶的知名品牌奠定了良好基础。

历史溯源

相传，闽南骑虎岩寺的一位和尚，天天以茶供佛。有一日，他突发奇想：佛手柑是一种清香诱人的名贵佳果，要是茶叶泡出来有"佛手柑"的香味该多好。于是，他把茶树的枝条嫁接在佛手柑上，经精心培植，终获成功，并将这种茶取名"佛手"。清康熙年间这位和尚又将其传授给永春师弟，附近茶农竞相引种，得以普及。光绪年间，永春县城开设峰圃茶庄销售永春佛手，随即闻名遐迩。民国期间，永春佛手通过厦门转销到港澳及东南亚各埠。永春县山清水秀，泉甘土赤，所生产的佛手茶质量历来为本类茶叶之极品，为区别于其他地区的佛手茶，故称"永春佛手"。现在，永春佛手迅猛发展，佛手茶栽培面积和年产量居全国第一。

采制技艺

永春佛手全年分四季采制。春茶在 4 月中旬—5 月中旬；夏茶在 6 月上旬—6 月下旬；暑茶在 7 月上旬—8 月下旬；秋茶在 9 月以后。各季产量占全年产量比重，春茶为 40%，夏、暑、秋茶各占 20%。制茶原料采摘标准是在新梢展开四至五叶，顶芽形成驻芽时采下二三叶。一般是午后采摘，傍晚付制。佛手茶的制造与一般乌龙茶相同，不过针对佛手叶面角质层薄，气孔大而分布稀，茶多酚含量高，多酚氧化酶活性较强的特点，在正常温湿条件下晒青宜轻不宜重，摇青时间和摊置厚度不宜过长过厚。发酵适度、香气达到高峰时，即行高温杀青。杀青叶经过揉捻、初烘、初包揉后，针对佛手叶张大的特点，复烘、复包揉三次或三次以上，较一般乌龙茶次数为多，使茶条卷结成干（虾干）状。一般优质佛手常在连续晴朗天 3～4 天后，微有北风，青间温度 24℃左右，相对湿度 75％左右的条件下制成。

永春佛手茶制作技艺

品味独特

　　永春佛手茶树品种有红芽佛手与绿芽佛手两种，外形条索肥壮、卷曲较重实或圆结重实，色泽乌润砂绿或乌绿润，稍带光泽；内质香气浓郁或馥郁悠长，优质品有似雪梨香，上品具有香橼香；滋味醇厚回甘，品种特征显著；耐冲泡，汤色橙黄、明亮、清澈；叶底肥厚、软亮、红边显；饮之入口生津，落喉甘润。

灵源万应茶采制技术

　　晋江安海灵源山周围，簇拥着 24 峰，药用植被十分丰富，灵源万应茶就诞生在这里。该茶以其深厚的历史渊源、鲜明的地域文化特征、独特的工艺传承和优越的自身品质，成为商务部认定的首批"中华老字号"。2008 年 6 月，"灵源万应茶"被列入国家级非物质文化遗产代表性项目名录。

　　灵源万应茶始创于明洪武元年（1368 年），迄今已有 650 多年历史。据《泉郡晋南地名探源·寺庵考附录》"灵源寺历代僧尼名录"记载，明时三十一世祖沐讲，俗姓张名定边（1318—1417 年），原籍湖北沔阳，元末至正年初，参加陈友谅率领的农民起义，兵败后"遁入泉南灵源山隐居，为避前嫌，削发为僧，自号沐讲禅师。入空门后，不闻尘俗事，究心佛理，率住山旧僧尼志尚、利济取山中之百草，用师姑井之水泡制药饼，广施万民，不求图报"。

　　灵源万应茶是草本植物茶，是由当年隐居灵源禅寺的沐讲禅师采集山茶、鬼针、青蒿、飞扬草、爵床、野甘草、墨旱莲等 17 种灵源独特的青草药，加入上等茶叶，并配以中药，计 59 味中草药精心炮制而成。 灵源万应茶为纯中药制剂，以袋泡茶和块状茶为剂型，块状茶为福建古老独特的药茶剂型，袋泡茶是现代科学发展的剂型，它以地方草药配合中药及茶叶经半发酵加工而成，具有药效吸收快、生物利用度高的特征。

灵源万应茶秉承着茶道文化的精髓，沿用着传统的制作工艺，650 多年来，实现本真性的传承，跨越式发展。 寺中僧尼世代继承此秘方，不使失传，直到寺中僧尼还俗，还把该秘方及制作方法传授给当地灵水、曾林两村百姓，并形成当今产业化、现代化生产，成为广大民众所喜爱的济世良药。

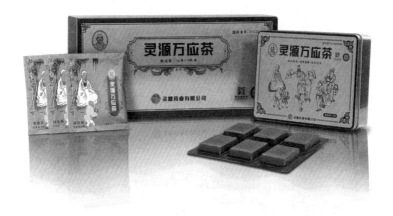

灵源万应茶

金苍绣制作技艺

　　刺绣是中华民族传统艺术之一，泉州别称刺桐城，泉州绣品古称刺桐绣。 金苍绣是刺桐绣的一种特长技艺。 由于绣线包金箔，其状如葱，民间叫金葱绣，泉州话"葱""苍"同音，便雅化为金苍绣。

泉州金苍绣

　　泉州金苍绣传承了古老的刺绣技艺，与唐时"蹙金绣"工艺相同，用绣线拼成花纹图案固定在绣底上，以显示"高花"。 有学者称，唐代的蹙金绣只在古代文献和唐代的诗词中提起过，它的工艺早已失传。 而泉州金苍绣依然传承与蹙金绣工艺相同的刺绣技艺，是民间织绣艺术的活化石，它有力地佐证了闽南织绣文化的历史源流。泉州金苍绣品内容丰富，形式多样，色彩鲜艳立体感强，有鲜明的泉州地方特色，有重大的历史文化研究价值。泉州金苍绣技艺，主要用于闽台宗教绣品，在台湾地区有重大影响，见证了两岸交流的悠久历史。

宋元之际，刺桐港为世界贸易大港，刺桐缎举世闻名，刺桐绣逐渐普及，其时开始出现专营的绣铺。宋代泉州城内东隅，有个"衮绣铺"，传说就是刺绣业的集中地。南宋南外宗正司迁泉州，皇亲集中泉州居住，带动了泉州刺绣业的繁荣。泉州自宋以来，有"此地古称佛国"的美誉，至明清，地方戏曲繁荣，宗教绣品和绣制戏服、道具需求量大，进一步推动刺绣业发展。清末民初，泉州地区的绣铺曾达十多家，刺绣工数百人，最多时有三四千人，其中最著名的是开设于清道光二十九年（1849 年）承天巷"得春堂"绣铺。

泉州金苍绣品的制作过程：先面稿，即将图画在稿纸上；打孔，沿画稿上线条，刺出细密小孔；绷布，将缎布绷在木框上；印图，用颜色粉浆搽过图纸，将图印在布上；金葱平绣，用金葱线勾绣，或绣荔枝跳，或龙鳞迭甲，绣出色彩丰富的图案；金葱凸绣，用棉花堆缝图形，用金葱绣出荔枝跳，或菠萝绣，或龙鳞迭甲，形成构图饱满的图案；上浆，在绣布背面均匀涂上米浆；组装，将绣片裁剪成形，缝制成品等 8 道工序。 明清以来流行于闽台两地的宗教绣品，采用的就是金苍绣。 这些绣品主要有庙宇绣品、道场绣品和阵头绣品，如佛服、绣佛、凉伞、大纛、幢幡、龙蟒桌裙、阵头绣旗等。 此外，戏服、喜庆绣幛等也应用金苍绣。 其中的特种针法，有荔枝跳、菠萝凸、三叠线、龙鳞迭甲等。

金苍绣技艺传承了古老的刺绣技艺，佐证了闽南文化的历史源流，与古泉州的社会形态、民俗风情及至戏曲的繁荣联系紧密，是民间艺术的活化石，历史久远，有传统艺术特色和泉州地方文化特征，颇具历史文化研究价值。

永春纸织画制作技艺

　　永春纸织画是从中国画发展起来的独特的编织工艺，是永春县特种工艺。永春纸织画是民间传统手工艺术品，与杭州丝织画、苏州缂丝画、四川竹帘画并称为中国四大家织，渊源久远，在永春民间曾有"指头一响，黄金万两"的传说，历经千年经久不衰，为中国国家地理标志产品。2011年5月，永春纸织画被列入国家级非物质文化遗产代表作名录。2019年11月，《国家级非物质文化遗产代表性项目保护单位名单》公布，永春县美术家协会获得永春纸织画项目保护单位资格。

　　永春纸织画创始于隋末唐初，至今已有一千多年的历史。隋灭陈，至德年间（583—586）陈后主叔宝之子陈镜台率众进入永春避难。他们发扬了纺织、造纸、竹片编织的优势，制作了大量的生活必需品。随军的宫廷画师把中国画技巧与竹编技巧结合，创造出纸织画。《永春州志》载："纸织画，此为永春特产。其法以佳纸作字或画，乃剪为长条细缕而以纯白之条缕经纬之，然后加以彩色，与古所谓罨画及《香祖笔记》挈画相类。"老艺人黄永源先生著有《纸织画旨趣》一书传世。 至盛唐时，已有 9 家专营作坊，延续近千年。 永春纸织画早在宋代时就远销南洋各埠，成为富贵人家的柜中珍品。

纸织画的特点是色彩淡雅、画面朦胧，强调光线跟景物的变化，很有立体感。 近看纸痕交织，经纬分明；远观则缥缥缈缈，如有一层薄纱覆盖。 古人曾用这样的诗句形容永春纸织画："是真非真画非画，经纬既见分纵横。"

永春纸织画

永春纸织画生产加工工艺繁复，首先是在宣纸上作画，纸织画的绘画是从中国画当中发展出来的，但它的用笔下墨、颜色不一样，纸织画要求色彩要浓，层次分明，轮廓突出等等。 而后是裁割，用特制的小刀裁成 2mm 左右的经线，另用宣纸切成同样宽度的纬线，纸织画每裁一条都要平行，一样大，所以要苦练裁功。 接着是编织，把裁好的画放在特制的纸织机上编织，要控制力度，掌握天气变化，还要讲究经纬交织和编织技艺，把绘画与编织融为一体。 最后是裱褙，用糊含有产地范围内的质量比例 10% 的苦楝根（籽）浸取液及质量比例 10% 的桃树胶。 裱褙时要注意保护好纸织作品，否则前功尽弃。

永春纸织画题材广泛，内容丰富多彩。 有"福禄星寿""皆大欢喜""白鹤朝天""嫦娥奔月""木兰从军""十八罗汉""寿图八仙""八骏马""鸳鸯戏水""八仙过海"，乃至《三国演义》《西游记》《红楼梦》《水浒传》的故事人物等，从人物、故事到山水、花鸟、飞禽走兽，应有尽有。

永春纸织画多被全国各类博物馆收藏，故宫博物院里仍珍藏着清乾隆年间的纸织画瑰宝"清高宗御制诗十二扇屏风"。 永春当代纸织画著名艺人周文虎创作的百米《中国古典万里长城图》获得国家金奖，1998 年创作的百米《百虎图》被中国军事博物馆收藏，这两幅作品还分别获得"吉尼斯世界之最"和美国"名人世界之最"。 目前，永春纸织画已经走出国门，先后被选送到 40 多个国家展出，并作为礼品赠送国际友人，成为国与国之间的"友谊使者"。

源和堂蜜饯制作技艺

　　源和堂蜜饯制作技艺已有百年历史。源和堂蜜饯选用闽南地区盛产的各种新鲜水果，采用传统工艺精细研制加工而成，保留着丰富的营养和独特风味，极具历史、文化、科学研究价值和旅游开发价值。源和堂蜜饯制作技艺是福建省泉州市传统技艺，福建省省级非物质文化遗产之一。

　　源和堂蜜饯制作技艺创始于 1916 年。起初，庄杰赶、庄杰茂两兄弟在晋江青阳镇开设一家水果摊，为防止销售余下的水果烂掉，用食盐腌渍，再晒干制成咸、酸干果。而后进一步研发，加糖和各种药材制成咸、酸、甜俱全的李咸饼、七珍梅等产品，颇受顾客青睐。庄氏兄弟为此得到启发，进一步认真研制，选用当地盛产的水果、蔬菜为原料，配以食盐和糖，加上中药配方等，研制加工而成系列蜜饯产品。产品为民间所喜爱和赞誉，一直畅销。1932 年有名人为之题字"源水和甘，和末配制"，横批"堂上家人"，有赞誉精制蜜酿之意，各句首字"源和堂"也与制作蜜饯的主要配料"盐"和"糖"有暗合之巧。产品很快在国内外,特别是东南亚一带打开市场,成为民间宴客、休闲品茶之佳配,访亲旅游、酬宾馈赠之珍品。

源和堂蜜饯分为草制品、蜜制品和酱类品三大类,规格品种有百余种,新产品珍珠果、玛瑙葡萄干等10多种,具有各种独特的风味和功效。

源和堂蜜饯厂

源和堂蜜饯制作技艺按草制品、蜜制品和酱类品区分,使用药材配方、生产工艺流程各异,但都需要经过原料浸洗、沥干、糖浸、糖煮、上晒、配制、挑选、包装、成品等工艺流程,传统技艺独特。其精制蜜饯具有色泽美、质地嫩、保持水果天然风味等特色,并有增食欲、益胃脾、生津消食之功效。

源和堂蜜饯历年来深得消费者赞誉,畅销泉州地区、全国各地及东南亚一带，享有"美名驰五洲，香甜满人间"之美称。 其产品在省、华东地区、国家食品博览会荣获金奖。

源和堂蜜饯制作技艺有逾百年的历史，也是一个企业形成、发展的历史。 随着企业体制的改革，源和堂历经风雨，从坎坷中走来，在社会上有一定影响。 源和堂蜜饯制作技艺是泉州美食文化的组成部分，蕴含丰厚的人文和历史，积淀了厚重的传统文化，富有泉州地方特色。

老范志神曲秘制工艺

　　泉州老范志神曲是福建省泉州市鲤城区传统医药，福建省省级非物质文化遗产之一，创始至今，已有260多年的历史，经历了世态变迁、风风雨雨、起落兴衰，始终坚守声誉，是祖国中医文化宝库中不可多得的瑰宝，其传统制作技艺独具特色，也是中医文化的组成部分。

　　"范志"取义，文化内涵深刻。老范志神曲创始人吴亦飞，原籍晋江霞浯村，生于清康熙年间。自入泮后兼学医术，因家境困难，即以所习疾术行医，平日喜阅方书，深谙药性，辄赏试、调剂各种方药。清乾隆十七年（1752年），移居泉州北门通天宫口，弃教从医，同时，开设一家小药店，取范仲淹"先忧后乐""不为良相、当为良医"之义，名其店为"范志"，并于清乾隆二十二年（1757年），在古方的基础上按照"君臣佐使"方法，以52种中草药配伍成新方，名为"老范志神曲"。

　　老范志神曲系采用汤头歌诀便方，认真分析，取其消补结合、扶正祛邪、扬长避短的方法，按照"君臣佐使"的配伍加以增减而成：由荆芥、防风、广藿香、苍耳草、苦杏仁、苍术、厚朴、使君子、大共同、槟榔、川椒、羌活、沙参、葛根、川贝、白术、黄芩、酒芍、贡木香、砂仁、谷芽、麦芽、枳实、楂肉、北柴胡、桔梗、猪苓、诃子、金铃肉、车前子、泽泻、前胡、泽兰、茯香、黄梅、藿香、水仙、川芎、芡实、黄柏、栀子、乌药、香薷、姜黄、紫苏、桑枝、青皮、陈皮、香附、白扁豆、延胡、甘草等 52 味中药组成，经拌和浸泡使其发酵，经过三次发酵压椿，印制成淡灰褐色方形块。三次晒干，再文火烘烤，贮藏 120 天，直到散发清香气味，最终成药。

老范志神曲气香味甘淡，药理功效为：疏风解表、治疗四时感冒、风寒暑湿、中暑腹痛、呕吐泄泻、疟疾、霍乱等症。尤以治疗脾胃方面，消食化积、醒脾开胃为佳，男女老幼，四季皆宜，唯有孕妇禁服。

老范志神曲秘守良方，并长期遵祖训族规"立贤不立长"，其秘方古老独特，药理科学性强，极具历史、文化和科学研究价值。老范志神曲有特效，深得群众信赖和好评，不但遍及全国各地，在国外市场上也取得相当信誉。清宣统三年（1911 年），获皇朝颁赐奖章；清光绪二年（1876 年），参加南洋勤业展览会，荣获金牌；1918 年参加吕宋嘉年华博览会，被评为"世界有效良药"；1985 年被评为省优质产品。 老范志神曲是祖国中医文化宝库中不可多得的瑰宝。

老范志神曲

永春老醋酿造技艺

　　永春老醋与山西陈醋、镇江香醋、四川保宁醋并列为"中国四大名醋"，是中国国家地理标志产品。早在北宋初年，永春民间即开始酿造老醋，把老醋、久熟地、久六味视为居家"三宝"，其工艺迄今已有千年历史。

　　永春县地跨南亚热带季雨林带和中亚热带阔叶林带，土壤多为偏中性红壤，有机物和天然矿物质含量丰富，水源清澈、无污染，产就了酿造永春老醋主要原料的优质糯米。永春老醋生产地处串珠状山间小盆地，群峰环抱，冬御寒流，夏防台风，光度、温度和湿度恰到好处，非常适宜老醋的贮存陈酿。而永春森林、矿藏、水力等各种丰富的资源，也是形成老醋独特风味的因素之一。

　　永春老醋的酿造颇费工夫，得益于手艺人的坚守，这诱人的酸香流传于世。

一、原料

糯米：淀粉含量不小于 72%，含水量不大于 12%，不变率小于 3.5%，不完善率小于 6%，具有糯米正常色泽和气味，无霉变。

红曲米：糖化率不小于 1200 毫克/克小时，酒精度不小于 15%（V/V），颜色呈暗红色，具有红曲米特有香气，无染杂，发酵均匀、完整。

水：酿造用水应取自保护范围内的地下水。

二、生产工艺流程

糯米、浸泡、蒸煮、冷却、红曲糖化酒精发酵、液态醋酸发酵、陈酿、调兑、成品。

三、关键工艺

1.陈酿房温度控制在 18℃～26℃之间。

2.红酒发酵周期需保证 30 天以上。

3.红酒发酵用水必须是取自保护范围内的地

下水。

4.红酒发酵的酒精度控制在 10％（V/V）～12％（V/V）之间。

5.永春老醋按陈酿时间不同分为四级，其中特酿级 5 年以上，精酿级 4 年以上，优酿级 3 年半以上，佳酿级 3 年以上。

6.在陈酿过程中，根据需要可添加按特定工艺炒制的米乌（≤4.0％）、芝麻（≤0.5％）、白糖（≤3.0％）等添加物。

四、主要步骤

1.蒸糯米：欲制醋，先酿酒；要酿酒，先蒸饭。将浸泡过的糯米蒸熟成糯米饭，是走向老醋的第一步。蒸熟后的糯米饭还需要摊开放凉，才好进入下一道工序。

2.拌红曲：糯米蒸熟后放凉一些，加入红曲拌匀，保证每一粒糯米饭都和红曲充分接触。

3.取红酒：静静等待糯米饭在红曲的作用下转化成红酒，进入下一步发酵。

4.转酸发酵：搅拌红酒，加大醋酸菌的溶入量，让醋酸菌加快繁殖，促进红酒转化为老醋的进程。

永春老醋具有性温热，酸而不涩，酸中带甘，醇香爽口，回味生津，久藏不腐，色味更佳且不需外加食盐和防腐剂的特质；并富含十八种氨基酸等营养成分及多种对人体有益的发酵微生物，不仅是生活必备的调味品，经常使用更能增进食欲，开脾健胃。

永春老醋

春生堂酿酒技艺

泉州春生堂酿酒技艺历史悠久，在泉州乃至闽南地区、东南亚甚至欧美各地等有重大影响，其酿酒技艺独特，是中华酒文化的重要组成部分，并与泉州民俗密切相关，其秘制药方配制科学，对中医药理学、中医药宝库有重要贡献，具有历史、文化、科学价值和品牌价值。

宋代，泉州民间已有酿酒工艺。据乾隆《泉州府志》卷十九"物产"记载："泉中常饮，唯醇酒，即宋之醇醨及今老醖，其酿法极多，名果佳花皆供糟沐，最胜者为金蒲五月春。"《泉州市志》也载：清代，安溪人在泉州花桥宫开"如春酒店"，用上等糯米和清纯泉水酿造"如春老酒"，为泉州名酒。

春生堂酿酒技艺创始于1820年，是永春郭厝村白鹤拳传人郭信春所创。"春生堂"秘制酒采用党参、川芎、沉香、原豆叩、砂仁、肉桂、当归、熟地等三十余味名贵药材，经用刀把药材切碎、用白酒在缸中浸药、火君药后提取药液，以陈年高粱酒、优质米酒为酒基，配上药材浸、熬、煮后提取的药液，以白砂糖为辅料，调制、化验、静置、过滤、陈酿、过滤、精制加工而成。春生堂秘制酒质地优雅、醇正甘绵、诸味调和、芳香爽口、舒筋活络、消瘀祛湿、健胃养血、培补元气，对风伤病湿、操劳过度、气虚体衰等症有特效。

春生堂酿酒技艺被列入福建省省级非物质文化遗产名录。春生堂秘制酒多次荣获全国、省、市优质酒、优质产品、信得过产品和全国优质保健产品、优质保健食品金奖，2006年获国家商业部"中华老字号"称号，影响深远。

泉州春生堂酿酒技艺

第二篇 科技引领智造

在当代，泉州作为中国民营经济"四大模式"发祥地之一，"泉州智造"获得了一批专精特新科技创新成果，涌现了一批科技创新示范企业，助力泉州跻身 GDP 万亿俱乐部，推动泉州经济社会高质量发展。 本篇主要围绕泉州九大产业集群创新发展，战略性新兴产业培育壮大等方面，结合泉州科技创新的特点，从泉州民营企业的浩瀚海洋中，撷取在全球、全国具有影响，在行业中排名前列，具有领先地位的科技创新成果，获得各类科技创新荣誉称号的典型示范企业进行重点介绍。

纺织服装创新驱动

纺织服装是泉州重要的支柱产业，产业链体系完善，产业集群优势显著，已形成化纤、纺纱、织造、染整、服装、纺机等完整产业链和产业集群发展格局。泉州涌现出一批全国知名的纺织服装生产基地，形成以县域经济为特色的产业群，如石狮成为中国休闲服装名镇，晋江成为中国纺织制鞋和体育装备产业基地。泉州还拥有一大批"中国驰名商标"、"中国名牌"和上市企业，荣获中国十大品牌城市，是我国纺织服装重要生产基地和出口基地，正在努力建设世界纺织鞋服基地。

近年来，泉州纺织服装产业创新能力稳步提升，逐步建立以企业为主体的技术创新体系，突出研发新材料、新产品，努力完善产业生态链，推动产业向个性化、定制化、功能化、高端化、差异化发展，引进和建设了一批高端公共创新服务平台，大力推广先进技术装备，完成纱锭全自动包装、纺织智能制造、经编生产在线智能检测、智能化染整等生产示范线改造并投入使用，开展产学研合作攻关 300 多项，申报技术专利 3000 多项。

一、纺织行业技术水平迅速提升

目前，泉州纺纱技术与设备继续朝着自动化、连续化、信息化和智能化发展，通过科技手段和先进自动化、智能化装备，降低能源、减少用工、材料消耗、提高生产效率，开发出更加丰富多彩的新型纱线。织造行业主要以绿色生产、智能织造、"互联网＋"等发展趋势为主，建立智能车间、进行信息化管理。

百宏：国家智能织造标杆企业

全自动智能 AGV 运转车将成品丝运送到包装线上，再通过智能分配车输送至智能立体仓库……这是百宏聚纤涤纶工业丝生产车间里看到的生产场景。这套系统由百宏聚纤科技实业有限公司与北自所科技发展股份有限公司共同研发，引进了最新的智能网络化工厂构建理念，是国内化纤行业第一套 5G 全自动化、数字化、智能化生产系统，相比传统生产线可节约用工 80％。

福建百宏集团是以聚酯新材料，民用丝、工业丝、聚酯薄膜全产业链发展的国际型企业，拥有世界领先的技术装备，行业竞争力和产品品牌价值均位于国内行业前列。

百宏聚纤涤纶工业丝智能化生产车间

近年来，百宏集团把发展智能制造作为企业战略重点，承担全国纺织行业首个智能制造新模式项目，开发出涤纶长丝产品质量在线检测系统，获批为国家第五批"智能制造标杆企业"。公司深耕自主科技研发，搭建国家级企业技术中心、国家级实验室和院士工作站等科研创新平台，与国家重点高校联合研发新产品，打造核心竞争力，拥有60多项发明专利。

在技术层面，百宏通过垂直集成设备、控制系统、MES与ERP间广泛的集成，基于数字主线进行设备、ERP与MES系统的融合。其中，MES系统专注于生产过程的一体化管控，在企业总体信息系统中起着衔接的关键作用，上接 ERP 系统，下达生产线、单独设备等底层控制系统，实现上层指令的下达执行，以及底层工控数据的实时采集、反馈，综合管理制造过程计划、工艺、物料、质量、设备运行监控等业务流程，实现制造过程、仓储物流、信息流的统一管理。在智造层面。百宏生产部以 MES 为核心，通过"MES＋ERP"一体化生产运营，实现生产、设备、物料、能源等业务的贯通和协同，成为全国首家通过评估范围包括设计、生产、销售、服务全流程的四级成熟度企业，实现研产销全流程智能制造能力，成为行业标杆。

华宇："5G＋工业互联网"示范工厂

走进华宇织造车间，几百台经编设备飞速运行，设备上藏着"多双眼睛"，13 个摄像头实时在线采集生产流程，实时在线检测，及时发现问题、解决问题。比如，利用智能找布系统，只要将布料放在 AI 摄像头底下，就可以快速匹配跟它相似度极高的面料款式，找布时间从半天减到 2 分钟。

作为全球最大的经编间隔织物生产基地之一，华宇织造公司率先构建了"5G＋工业互联网"的智能总体架构，成为行业的引领者和标准的制定者。2020 年伊始，华宇织造着手打造数字化工厂"5G 大脑"，通过"5G＋MES"系统（制造执行管理系统）

实现生产设备运行状态、车间温湿度、工业参数的统一管理，全面完成生产设备的网络化、智能化改造，落地车间数字化管理、智能传送、智能找布等应用场景，大幅提升了经编机自动质检与生产的管理效率。

据了解，自华宇织造车间实施数字化转型以来，成效斐然：设备开机率从 70% 提高到 95%，设备用电能耗降低 23.5%，人均巡检设备数从 2 台提升到 20 台，产品研制周期从平均 30 天缩减到 15 天，产品不良利率从 25% 减少到 5%，客户响应效率改善，找布从半天减到 2 分钟，工艺设计效率提升 30%。

因此，华宇织造有限公司的智能在线监测场景入围工信部、国家发改委联合发布的《2021 年度智能制造试点示范工厂揭榜单位和优秀场景名单》。

二、染整行业走绿色创新之路

泉州染整生产企业基本实施染整工艺改造，这些新设备、新技术颠覆了传统印染机械的高耗能、高污染转为既环保又节能，逐步走上绿色创新制造的新路。

凤竹：国家企业技术中心

2006 年被认定为"国家企业技术中心"；

2011 年被授予"国家级创新型企业";

2020 年荣获"国家技术创新示范企业"称号。

凤竹纺织企业技术中心

　　一个个荣誉的背后,是福建凤竹纺织科技股份有限公司长期坚持科技创新、努力开展技术攻关的结晶。 凤竹纺织应用新材料、新设备、新工艺、新技术提高纺织品精加工技术,增加产品的科技含量和附加值,拓展新的经济增长点。

　　福建凤竹纺织科技股份有限公司是一家以棉纺、染纱、染整精加工针织面料为主营业务的上市公司,是福建省针织染整厂家和针织品出口基地,连续多年名列"中国针织行业竞争力 10 强企业""中国印染行业 20 强企业""中国纺织服装企业竞争力 500 强"等。 通过多年的不断创新发展,实现了从传统印染企业到智能、绿色现代化印染企业的新跨越。

作为国家创新型企业，凤竹纺织参与制修订 79 项纺织行业国家标准，是 12 项国家标准的主要起草单位，长期致力环保投入，建设低碳、绿色、循环纺织。 在技术开发与技术创新过程中，凤竹纺织坚持产、学、研相结合，积极与国内外同行进行科技合作与学术交流，不断吸纳国际上最新技术，提高自身研发能力和水平，并在 2008 年荣获"国家科学技术进步二等奖"。

海天：针织成品布国家标准起草者

2022 年 11 月 1 日起，由国家市场监督管理总局、国家标准化管理委员会发布的《GB/T 22848-2022 针织成品布》国家标准开始实施。 泉州海天材料科技股份有限公司是该标准的主要起草单位，圆满完成了《针织成品布》国家标准的起草工作。

泉州海天材料科技股份有限公司创立于 1994 年，是一家集产品设计、材料研发、面料织造、染整印花、面料复合、服装加工于一体，产业链配套完整的科技纺织企业。 公司先后被确定为国家星火计划龙头企业技术创新中心、国家重点高新技术企业、国家产业用纺织品工程研究中心、国家纬编针织产品开发基地、福建省纺织面料技术开发基地等，连续入围纺织服装行业竞争力 500 强企业和针织行业竞争力 10 强企业。 公司产品荣获"国家重点新产品""福建省名牌产品"称号，公司实验室通过 CNAS 国家实验室认可。

该公司十分重视科技研发，秉承"研发一代、生产一代、预研一代、展望一代"的理念，与东华大学、中国纺织工业联合会等院校和行业协会开展密切的交流与协作，携手美国杜邦等国内外知名化纤企业，在聚酯等化学合成材料应用开发方面开展强强合作，专注于生物基、功能性面料的集成创新及持续性的延伸开发与应用。 公司承担的"高导湿涤纶纤维及制品关键技术集成开发"项目获得 2007 年国家科技进步二等奖，是国内功能性面料研发生产与集成创新的龙头企业，在吸湿速干、新型生物基纤维的开发应用领域居于国内技术领先地位。

三、服装行业品牌效应突显

纺织服装是泉州的重要支柱产业。 全市规模以上服装企业有 1000 多家，共拥有"中国驰名商标"55 项、"中国名牌"11 项，上市企业 33 家，规模居全省首位、全国前列，荣获中国十大品牌城市。

柒牌：全国鞋服行业首个 5G 专项应用

在柒牌工业园的智能车间里，智能机器人早已投入火热的生产中。 在裁剪车间，基于 5G 网络的 AGV（自动搬运机器人）小车将刚刚裁剪好的服装面料，运送至另一栋楼三层的缝制车间。 在运送过程中，AGV 小车自行上下电梯、出入卷帘门，跨越生产不同区域，穿行无阻。 在打造智慧工厂的同时，还借助 5G 网络导入 MES 智能制造生产管理系统。 在西服吊挂制造车间内，工人的操作台上都放置着一台平板电脑。 工人可以通过 MES 智能管理系统下发的视频，直接查看当前服装的制作工艺流程。

AGV 机器人在服装行业的应用不是首次，但在 AGV 嵌入 5G 模组后，可以规避原有无线网络弊端，包括调度不灵活等问题。 应用 5G 自动搬运机器人帮助企业实现从裁剪、缝制、制衣、仓储等各个服装生产环节的无缝衔接，实现生产效率提升和"机器代工"。 这是鞋服纺织行业全国首个商用 5G 独立组网工业模组落地应用的项目，它实现了生产物流全流程自动化运输调度，作业效率大大提高。 由此，泉州市首个 5G 智慧工厂揭开了数字化赋能传统产业新篇章。

柒牌自成立以来，持续加码实体、持续创新：1998 年，引进世界最先进的西服生产流水线；2005年，引进英国犀牛褶专利技术；2016 年，推出多功能智能夹克；2017 年，凭借"西服生产数字化车间"成为福建首个获得此项国家级项目的服装企业。

下一步，柒牌将逐步扩展"5G＋AGV"的应用场景，从示范车间扩展至全厂区，从生产物流扩展至仓储物流，与企业现有业务系统进行信息共享和融合，进一步提高企业生产的自动化、智能化水平，逐步规划并推进5G智慧工厂建设实践。

九牧王：专注男裤研发领域34年

"精工匠心，用心制造专业好品质的裤子"这是九牧王一直以来的运营理念。

九牧王是集研发设计、生产、销售为一体的时尚产业公司，专注男裤领域34年，成为中国男裤标准参与制定者，是全球销量领先的男裤专家。1989年，九牧王男裤开启了的创业之路；1997年，提出志在中国第一裤的目标；2000年，男裤首次全国市场综合占有率第一；2011年5月30日，公司A股股票成功在上海证券交易所挂牌上市；2018年成为中国体育代表团6年礼服供应商，并为第18届亚运会独家定制礼服。

34年来，九牧王始终不忘初心，以给消费者最优质的产品为目标。在材料运用上，九牧王研创高弹面料，其拉伸率是普通面料4倍；工艺制作上，九牧王出厂的每一条西裤都是经过23000针、108道工序、30位次熨烫、24项人工检验；产品研发上，依托 1200 万人体数据，研发 6 大主推版型……也正是基于这一份匠心，九牧王拥有了 19 项裤领域实用新型专利，创下了男裤累计销售 1 亿条、每 7 秒卖出 1 条的佳绩。公司管理层始终视高品质为企业的立命之本，多年来以"专业好品质"的美誉赢得消费者认可。九牧王曾经荣获"中国名牌产品""中国十大最具影响力品牌""中国西裤行业最具影响力第一品牌"等荣誉。

九牧王男裤展示厅

四、原辅料行业也有高科技

服装业的发展，激发了纺织各行业的配套发展，在服装面料自给率不断提高的同时，其他与服装配套的拉链、商标、衬布缝纽线、绣花线、花边、织带、纺机配件等都得到快速发展，配套供应，在细分领域不断创新，涌现了一批专精特新企业。

浔兴：拉链"上天揽月"

航天产品代表着世界上最尖端的技术。 2021年6月，泉州浔兴拉链科技股份有限公司生产的舱内压力服拉链随神舟上天，这也是时隔5年的第二次太空旅程。

此次应用在航天服的拉链为浔兴拉链科技股份有限公司自主研发。 浔兴的研发团队在3年的研发过程中，应用了核心的尖端技术，从材料、组织结构到工艺等方面都经历了无数次的尝试和改进，每一个细节都经历了不少于百次的测试验证，最终实现了舱内压力服的高强度和高可靠性，可以承受很多不可抗因素和特殊要求。

浔兴股份20多年来始终以技术创新和研发来推动企业发展，坚持不懈地用高新技术改造传统产业，是国家高新技术企业，设有"认定企业技术中心""企业专利工作交流站""知识产权示范企业"，拥有拉链实验室、博士后工作站、拉链学院等。 公司拥有发明、实用新型国家专利500多项，发明新工艺、新设备300多项，开发新产品600多种，其中多个项目被列入火炬计划、星火计划，已成为国内技术研发实力雄厚的拉链企业。

浔兴拉链科技股份有限公司

约克：液体色母填补行业空白

只需在材料中添加千分之一，就可以达到比传统染色方式更好的效果，并提高瓶装食品的品质。 晋江三创园入驻企业福建约克新材料科技有限公司研发的液体色母，生动展现了新材料给传统产业产品带来的"四两拨千斤"的效果。

作为第三代染色剂，约克新材料研发的液体色母着色剂材料解决了食品行业包装着色不稳定的难题，打破了欧美国家的垄断，填补了中国在液体色母技术上的空白，可替代传统技术，实现更简洁、高效、环保、节能的材料着色，目前已经应用于食品包装、纺织化纤等领域。

液态色母是塑胶着色剂行业的一种高新技术产品，是一种新型橡塑材料着色剂。 该产品选用无毒环保颜料和高性能液体载体，通过先进加工工艺达到颜料亚微米级分散的均匀稳定体系。与普通色母粒相比，该产品适用橡塑材料的品种广泛，着色能力更强，分散更均匀，添加量精准，在相对较少的添加量（一般为相应色母粒添加量的 20％～50％）时即可达到满意的着色效果。

约克新材料是中国首家液体色母研发和生产科技企业。公司总经理曾福泉是高技术人才，拥有填补国内空白的专利技术，曾在全球最大的液体色母制造企业英国嘉洛斯集团担任资深科学家，后作为福建省首批引进高层次创业创新人才，主攻塑料新材料的开发，打破了欧美国家的垄断，推动了液体色母在塑料行业的推广和化纤在线染色的生产应用。约克还研发功能型液体色母和新材料，广泛应用在纺织纺丝无水印染方面。

运动制鞋科技赋能

　　泉州市是著名制鞋大市，已成为中国及世界重要生产基地，形成全世界最完整的制鞋产业链，主要分布在晋江、石狮、开发区、惠安和台商区等地，致力于打造全球知名现代化鞋产业基地。现在全球十大运动鞋销售品牌中有四家在泉州市，鞋出口占全省50％，占全国12.5％。晋江市还是第三个国家体育产业基地，体育用品企业达 4000 多家。

　　多年来，泉州制鞋业不断创新，形成了品类丰富、奇特精美的创新产品：

　　361°公司国际线跑鞋的 QDP 系统。将 EVA、鞋垫、中底技术整合形成完整抗压缓震系统，具备吸震及反弹功能。

　　特步公司研发竞速 160X 跑鞋。2000 公里奔跑后，磨损仅 0.65％，回弹仅降 0.59％，获得世界跑步领域权威媒体平台《跑者世界》2020 年春季中国市场"编辑之选"及"最高性价比"两大奖项。

　　鸿星尔克的"魔粒轻弹"材料。它由上千颗新型微粒软胶组成，当行走时，呈现最佳柔软支撑形态；当跑步时，微粒互动作用力转化为回弹力，跑步更加省力。

海峡石墨烯研究院研发石墨烯改性材料的跑鞋，重量仅 120 克。

五持恒科技公司开发的石墨烯改性橡胶发泡鞋底，具有独特优良的强度、弹力、耐磨和防滑性能，扭转后瞬间恢复原形状。

彩驰鞋服公司生产一体成型飞织运动潮鞋，具有柔软贴合脚面、透气、轻柔、强韧、时尚等特点。

万胜新材料科技有限公司经编间隔物一次成型鞋面，更具时尚多彩外观效果，轻质、透气、产量高，还研发出纳米离子防水鞋面。

富乐鞋材公司开发慢回弹记忆棉，用回收料开发防臭、高回弹、高透气、高吸汗的环保再生料鞋材供应品牌公司。

泉州万华世旺超纤有限责任公司技改创新鞋用合成革，具有抗菌、防霉、高耐磨、耐折、高弹性回复、可回收等优点，拥有 21 项专利，达到国际先进水平。

……

安踏：运动鞋服品牌领导者

作为中国运动鞋服品牌领导者，安踏集团始终把科技创新作为品牌第一核心竞争力和市场竞争中领先关键因素，其不断研发推出的系列运动鞋服创新产品已经成为引领时尚、引领创新的风向标。

中国运动鞋服品牌领导者安踏

2022 年 4 月 16 日，太空"出差"的三人组翟志刚、王亚平、叶光富顺利结束为期 183 天的太空之旅，成功重回地球，而航天员们脚上的"太空跑鞋"引起了人们的注意。

作为被航天员带上天、穿上脚的"天选之履"，这款氢跑鞋 3.0，不仅仅是全世界跑步爱好者的梦之鞋，更是以单只男款 41 码鞋重仅有 99 克，轻过两枚鸡蛋，成功斩获 WRCA 认证的世界"最轻"慢跑鞋。

这款"太空跑鞋"正是来自泉州企业——安踏集团。该跑鞋采用呼吸感纱线结构的鞋面，较常规材料轻 20％以上；同时，搭配采用特殊超细及异形复合结构，更有利于减轻鞋子的重量。在鞋底部分，轻质中底材料，密度低至 $0.1g/cm^3$，仅为羽毛的五分之一。

无独有偶，2021 年 9 月，一场以"动创未来"为主题、围绕全球运动鞋中底技术的创新科技大会向全球直播，安踏当场发布了最新研发的中底技术——氮科技，为品牌研发创新再添色彩鲜明的一笔。

所谓的氮气科技，即采取氮气超临界发泡一体成型，以达到更高的能量回归、更强的耐久性和更轻密度。中底材料既涉及最高端的 PEBA 材料，也涉及 TPU 和 EVA。安踏正式推出的 C202 GT 专业竞速马拉松跑鞋，就是在氮科技的助力下实现了全新升级。

此外，安踏还推出首款全新"大数据"跑鞋。该跑鞋从 1.8 亿用户跑姿大数据中总结用户习惯，经过 4 个阶段设计优化、逾 70 个研发测试样本、无数次 3D 动态数据收集和各类跑者的反复试穿，最终成型，开启大数据在产品科技、研发方面的应用。

除了不断推出创新产品，安踏同时也在智能制造方面同步发力，数字化转型迎来全面发展。

在安踏鞋业生产车间，已经成型的鞋帮面被工人熟练地套上鞋楦后，放进了一条"回"字形生产流水线上；30 分钟后，经过配双、拉帮、套楦等 16 道工序，一双成品鞋便出现在了眼前。通过一组对比数据：一条传统生产线 50 名工人年产鞋量是 72 万双，三条智能 MINI 流水线 50 名工人年产鞋量近 140 万双，可知安踏研发的智能 MINI 流水线投入使用后，相同劳动力下，产能实现了翻倍。同时，整个生产过程更加紧凑、灵活，生产流程也更加扁平化。而在安踏物流园全新超级机器人仓里，120 台极智嘉分拣机器人已正式"入职"。这些拥有"超级大脑"的机器人能够灵活避障、自动转弯、终点识别、准确投递，实现柔性化、自动化、高回报的智能分拣。这些"新员工"的效率惊人：物流仓整体分理效率提升 500%，作业量可达 6000 件/小时。

安踏集团还与 IBM 携手进行数字化转型战略规划，通过打造数字化平台提升管理效率。新一代 SAP 数字化平台全面上线，实现从品牌销售、生产管理、供应链、物流到集团财务的一体化管理，这也是全球鞋服行业率先全面部署创新平台的标杆项目。

通过数字化转型，安踏集团未来还将持续引领运动鞋服行业创新发展。

匹克:"态极鞋"中的黑科技

2018 年，知名运动品牌匹克发布了一款专属匹克的国产"黑科技"——态极科技。问世以来，匹克一直引领着中国运动行业科技创新的热潮，其中态极跑鞋、态极篮球鞋和态极拖鞋等长期在同品类销售额和市场占有率中处于领先地位，受到学生群体喜爱，成为中国鞋服界现象级产品。

匹克运动鞋的"黑科技"——态极科技

匹克"态极"材料最大的特点在于可软可弹，拥有传统中底所不具备的"自适应"特性：在低速运动状态下，能提供柔软舒适的穿着体验；随着穿着者运动速度加快，中底的弹性模量随之增大，"态变"为高弹性的状态，能提供恰到好处的响应、回弹与支撑。既能让穿着者行走柔软舒适，又能提供跑步中需要的回弹和能量反馈，"态极"恰好满足了消费者在走路和跑步等多种场景下的需求。

"态极"的核心材料 P4U 是由西安理工大学开发的，是一种非牛顿流体物质，在常态下保持松弛的状态，其柔软而具有弹性，一旦遭到剧烈碰撞或冲击的时候，分子间立刻相互锁定，迅速收紧变硬，从而吸收并消化外力，形成一层防护层，当外力消失后，材料又回到它最初的软弹流动状态。2016 年，匹克与西安理工大学合作，开始着手尝试将自适应材料 P4U 应用到鞋底中，耗时 32 个月，完成超过 200 次复合发泡实验，以及超过 1000 双鞋中底调教与测试，才将 P4U 和传统 EVA 做发泡处理制成最终的鞋底材料，使之在日常行走时保持柔软，跑步时又能变得有弹性以提供较好支撑。

匹克是一家以"创国际品牌，做百年企业"为宗旨的集团式企业，主要从事设计、开发、制造、分销及推广"匹克"牌运动装备，品类覆盖篮球、跑步、综训、运动生活、儿童等多个领域，至今已有 30 多年的发展历史。公司先后在北京、洛杉矶、厦门、泉州、西安等地建立 5 个全球设计研发中心，在泉州等地建立 4 个先进制造及物流仓储基地，产品出口 110 多个国家和地区。公司荣获国家工业设计中心、国家高新技术企业，省级企业技术中心等荣誉称号。截至 2022 年，公司参与 32 件国标、行标、地标制度修订；拥有有效专利 443 件，其中发明专利 16 件，实用新型 211 件，外观设计 216 件；承担 7 件省市区科技项目；科技高新产品销售占比超过 60％。

建材家居转型升级

经过多年的创新发展，泉州建材家居产业形成了以南安水头为主的石材产业，以南安仑苍为主的五金水暖阀门产业，以晋江磁灶、南安官桥为主的建陶产业，以惠安为主的石雕产业，以德化日用及工艺陶瓷为主的产业，以安溪藤铁工艺为主的产业，产业集群及产品品牌效应逐步突显。九牧、闽发、天广、森源、固美入选"2016年中国品牌价值评价"榜，溪石、鹏翔、华辉、远达、港龙、东升入选2017年中国建材企业500强。万龙、九牧、舒华入选2018年省制造业单项冠军企业，4家建材家居企业入围福建省2020年民营企业百强榜。

近年来，泉州建材家居产业适应全球科技创新趋势，着力推动产业升级转型，加大研发设计力度。惠安创新成立全国首家石雕艺术古建筑研究院；德化成立德化中科陶瓷智能装备研究院，筹建高端碳化硅陶瓷及复合材料生产基地和创新研究院；泉州市土木建筑学会成立"建筑材料工业情报所泉州建材研发中心""中国砂石协会泉州砂石研发中心";南安鹏翔设立国家重点研发计划项目"再生石产业示范基地"和"石材固废循环利用研究院"。信和新材料股份有限公司和石狮鸿峰环保生物工程有限公司先后成立信和涂料院士工作站、鸿峰环保院士专家工作站。国家级水暖洁具产品质量检验中心,石材、建陶国家质检中心,国家阀门产品质量监督检验中心,国家级德化日用陶瓷产品质量监督检验中心落地泉州,并分别获得国家认证。行业标准制定方面也屡有突破,九牧、辉煌、闽发均参与一项国家标准制定,德化与国家标准院合作,牵头制定4个陶瓷类电子商务国家标准,这是陶瓷领域首批国家电商标准。

这些创新平台的设立、项目的研发、标准的制定,有力推动泉州建材家居产业转型升级、新产品研发取得突破,助推产业提质增效。佳美、信和各有1项专利获2019年第十九届中国专利奖优秀奖,九牧超薄水龙头产品获得了有建材行业"奥斯卡"之称的"红点至尊奖",泉州13家建材家居企业被认定为2017年福建省"专精特新"中小企业。闽发铝业、九牧各有1项风华典型经验被认定为2019年全国质量标杆。闽发铝业、冠福家用入选国家技术创新基地。九牧、闽发铝业、美岭、海峡4家入选省第一批绿色制造工厂。

九牧：全省首个企业"创新基本法"

这是九牧交出的创新成绩单——

16 个全球研发中心，15 家高端制造灯塔工厂，60 多个实验室，5 大生产基地。 其中，灯塔工厂是工业 4.0 技术应用的最佳实践工厂，代表着全球智能制造的最高水平。

九牧智能卫浴生产线

是什么基因让九牧能够引领卫浴行业创新潮流，成为全球智能卫浴领导者，让我们一起走进九牧去探寻其中的奥秘。

　　九牧集团是一家以智能卫浴为核心，集研发、制造、营销、服务于一体的全产业链、国际化创新型企业。作为首批工信部认定的国家级工业设计中心，九牧始终关注用户卫浴体验，拥抱时代，领跑行业，将科技创新和智造作为质量提升的驱动力，在健康新技术、系统数字化、轻智能、定制化、新颜值、新材料、新能源、生态品类研发等方面继续发挥领先优势，积极响应绿色发展号召，率先实施"双碳"行动计划，促进人、产品、环境的和谐发展，持续为全球用户创造美好家居生活新体验。

　　九牧集团始终专注实业、重视创新，于2010年提出了福建省首个"创新基本法"，主要包括五个方面内容：一是坚守做厨卫，不跨行、不跨业，规规矩矩的，专注才能做强。二是每年的研发投入不低于销售额的5%。三是从跟随企业发展到自主创新的引领企业，以自主创新来引领行业发展，成为民族产业品牌的推动者、引领者、代表者。四是站在科技、绿色、环保层面去做产业的新定位。五是重视人才，注重自主的人才培养和发展。

　　实施"创新大法"以来，九牧集团取得了一系列重大创新成果。九牧与华为鸿蒙达成行业首家全屋智能战略合作伙伴，建成行业全球首个质量技术转化中心。九牧主导制定国际标准20多项、国家标准200多项；累计专利达20000多项，平均每天5项专利问世，仅智能马桶就汇集了 100 多项国家专利技术，智能化成果处于行业领先地位；累计获得超 200 项全球设计大奖，iF 设计大奖获奖数量行业全球第一，全球卫浴行业设计金奖第一。 九牧自主研发出两套陶瓷智能生产设备，生产效率提高 25 倍，产品合格率由原来的 68％提升到现在的 98％，原来只能用 100 次的模具，现在可以用 6 万次，极大减少浪费，降低污染。 九牧先后成立美国硅谷智慧卫浴研究院、德国欧洲运营中心等 16 个研发中心，与意大利乔治亚罗设计、德国舒曼设计等展开战略合作，整合国际跨界资源，为研发设计注入了强大动力。

九牧集团有这样一个惯例：每年立项技术突破的创新项目，专门成立一个创新委员会来论证项目的可行性，最后由九牧集团党委书记、董事长林孝发亲自敲定。 在实施过程中，九牧以行业同步、行业领先、行业引领三个维度进行相应的考核奖励。

近年来，九牧集团响应经济发展新态势，从制造到智造，积极进行企业转型升级。 九牧联合中国电信、华为云打造首个 5G 智慧产业园，行业首创世界单体产量最大的智能马桶工厂——九牧 5G 智能马桶灯塔工厂，以数字化赋能产业转型升级，从智能制造迈入智慧制造时代。 九牧打造世界先进制造业技术应用企业，缔造出技术进步、质量升级、成本降低的数字化工业生态，树立产业数字化转型新标杆，引领全球卫浴的行业绿色智造，打造轻智能产业生态链。九牧拥有国际领先的智能技术，首创生物智能尿检机、无水冲刷等多项革命性技术，让国人更放心地使用智能马桶。

　　未来，九牧将继续以全球卫浴领跑者的姿态，砥砺前行，不断创新，发挥示范引领作用，推进企业高质量发展。

溪石：主导行业标准制定

　　2008 年，全国石材标准化技术委员会管理规范和应用技术及规范分技术委员会办公室落户溪石集团。从那时起，溪石集团主导、起草制定过《天然花岗岩建筑板材》国家标准、《干挂饰面石材》国家标准、《装饰石材露天矿山技术规范》建材行业标准等十几项国标、行标、地标，成为石材行业的领头羊。

　　溪石集团是全国首家同时拥有圆形、异型、平板、薄板、复合板、水刀拼花、石雕工艺品、人造岗石的综合生产、加工能力的集团公司，被国家工商总局认定为"中国驰名商标"，成为中国石材行业首家获得此荣誉的企业，获得 ISO9001：2020 国际质量管理体系认证、英国 UKAS 国际标准认证，为全国石材标准化技术委员会管理规范和应用技术及规范分技术委员会副主任单位。集团荣获包括 27 个鲁班奖、5 个全国优质石材工程奖、50 个全国建筑工程装饰奖等在内的几百个奖项目。

在智能化装备方面，溪石集团是全国首家引进意大利全套生产线的企业，拥有各类设备共 300 多台，实现全自动化、半自动化相结合的加工方式，技术先进，设备优良，是"石材与装饰"一体化的首践者。

华泰：坚守自主创新

2008 年，正值北京奥运会拉开帷幕之际，华泰集团自主研发生产了第一块陶板成品，突破了西方国家对中国陶板技术的封锁，拥有了自主创新的技术专利。

2010 年，华泰 TOB 陶板被主题为"让生活更美好"的上海世博会选用。这款具有新型环保优势的创新产品在世博会上大放异彩，成为世博园里一道亮丽的科技风景线。

福建华泰集团有限公司是建筑陶瓷生产的企业集团，是福建省建陶行业的高新技术企业，拥有福建省建陶行业省级企业技术中心。旗下的 TOB 陶板是拥有自主知识产权的建筑材料品牌。作为承接国家

"十一五"节能减排科技攻关项目的自主产权科研成果，科技部、建设部专家组一致鉴定为"产品规模、性能和技术装备达到了国际先进水平"，成功入选"亚洲500强"，更因其采用独有的"230M/7Hr"的生产工艺，通过"九九养生""五层干燥""数码全控""12区加温"等多达60道的烧制工序，使陶板颜色丰富、色泽温润，虽经日月穿梭，依然神韵不减，提高了陶板作为建筑外衣的艺术观赏性，被誉为"陶板艺术大师"。

坚守自主创新，成为华泰在激烈的市场竞争中始终立于不败之地的制胜法宝。华泰依托千年陶乡磁灶镇种类齐全、储量丰富、品质优异的陶土资源，汇集国内陶板研发、生产的技术专家，引进世界先进生产加工设备，拥有多条世界水平的液化气宽体辊道窑生产线，掌握国际先进的生产工艺和技术，年产陶板500万平方米以上，将华泰打造成为"全球的陶板生产基地"。

作为创新型企业，华泰集团前后主导和参与20多项国家、行业标准的起草制定和审议，包括《建筑卫生陶瓷产品单位能源消耗限额》《干挂空心陶瓷板》等国家、行业标准，掌握了陶板行业话语权。2021年，中国陶瓷行业陶板应用技术研究中心经中国陶瓷工业协会批准成立，落户华泰集团。这是国内陶板行业首家集陶板、陶板幕墙、陶艺砖及构件应用技术研究于一体的综合性研究中心，标志着华泰集团科技创新迈上新台阶。

信和：涂料行业独角兽

这些是信和新材料开发的系列高科技产品——核电防护涂料。通过自主创新，信和构建了防腐耐候、耐核辐射、防火、防污及建筑地坪等全系列核电涂料产品。产品涂层配套通过了"华龙一号"三代核电技术所要求的全部测试，经核能行业协会专家学者及施工应用方的全面评估认定为达到世界先进水平，打破了外资品牌长期以来的市场垄断，成为中国核电涂料领域的"国家制造业单项冠军"。

信和核电涂料中标"华龙一号"核电站

石墨烯防腐蚀涂料。 耐盐雾时间较传统环氧富锌涂料提高十多倍，是冷喷锌与热镀锌防腐工艺的极佳替代方案，该技术达到国际先进水平。

铁路动车专用系列配套涂料。 各项性能指标完全符合动车及城轨车辆要求，成为中国中车集团的重要涂料供应商。

钢结构防腐防火涂料，成功应用于泉州湾跨海大桥，填补跨海大桥整桥防腐涂装使用自主品牌的空白。

海洋船舶重防腐涂料，获福建省科技进步一等奖。

一系列亮眼成绩单的背后，是信和人长期以来坚持走科技创新之路的结晶，是一种从量变到质变的飞跃。

信和新材料股份有限公司成立于 1995 年，是一家专业从事涂料研发、生产、销售与涂装服务的国家级高新技术企业，设有博士后科研工作站、福建省企业重点实验室、省级企业技术中心、涂料类产品检测国家认可实验室，配置了国际先进涂料检测与实验仪器，先后参与起草制定众多国家及行业标准，拥有数十项国家发明专利。 目前拥有年产 30 万吨的泉州与苏州两个涂料生产基地和涂料研发中心。 公司在业内率先开发出石墨烯涂料并成功投入市场。

专注科技，舍得投入是信和成功的基因。

信和把科技创新放在重要地位，将整栋办公大楼位置最好、空间最宽敞的地方留给了产品研发实验室，加强技术人员培养，不断加大研发投入，并专门设立了技术中心，配备国内涂料行业最先进的生产设备和检测仪器，逐步建成面积 2000 多平方米的标准实验室、检测室，研发实力持续提升。

在石墨烯研发过程中，通过与哈尔滨工业大学、中国工程院院士合作，共建院士专家工作站，公司在全球率先推出"＋石墨烯防腐蚀底漆"，开发出具有耐久性、附着性和耐冲击性的环保新型防腐涂料；又牵头制定了《环氧石墨烯锌粉底漆》和《水性石墨烯电磁屏蔽建筑涂料》两项石墨烯涂料团体标准，填补了国内空白，有力推进我国相关涂料领域的创新发展。

诚信、和气是信和一贯坚持的企业文化，把企业文化融入科技创新之中，通过研发创新追求产品差异化，打造产品核心竞争力，提升产品附加值，成为目标细分市场的领军者，打造中国工业涂料领导品牌，是信和人的永恒追求。

纳川管材：制造业单项冠军产品

2022 年 10 月，福建省工业和信息化厅发布《关于公布第六批省级制造业单项冠军企业（产品）及通过复核的第三批省级制造业单项冠军企业（产品）名单的通告》，福建纳川管材料股份有限公司核心产品——聚乙烯塑料硬管荣获福建省第六批制造业单项冠军产品。

2016 年，纳川作为海南文昌航天发射场主要的管材提供商，被授予"海南文昌航天发射场建设贡献奖"。

2019 年，纳川股份旗下子公司上海纳川取得美国 ASME 协会核 3 级授权证书（NPT），成为全球首家获得此项许可的高密度聚乙烯（HDPE）管道生产企业。

福建纳川管材科技股份有限公司是一家从事 HDPE 缠绕结构壁管材研制和开发的科技型企业，主要产品为 HDPE 缠绕结构壁管材。公司已成为国内 HDPE 管材口径最大、规格最全的排水、排污塑料管道生产商，也是国内最大塑料排水管生产商之一，拥有国际最先进生产技术的三条生产线，及配套的研发、试验等设施。产品主要应用于石油化工、港口码头，电厂和市政道路的雨水排放及污水收集、排放，已成为中国核电项目塑料排水管唯一一家合格供应商。

纳川股份始终以科技创新驱动企业高速发展，拥有雄厚的研发实力，设立院士工作站、电动车辆国家工程实验室、核电 HDPE 材料联合研发项目实验室，配备德国、美国等国际先进科研检测设备，采用国际产品检测标准。 公司还建立了工艺及应用数据库、选型软件平台服务，是国际上能够向核电机组提供核Ⅲ安全等级的工艺管道制造商。 截至目前，公司承担 11 项"863"电动汽车重大专项课题，2 项"973"课题，13 项国家课题。 集团及下属企业获得专利超过 200 项，且多项发明专利获得国际知识产权；获得高新技术企业、创新型企业等数十项荣誉称号；产品被中国工程标准化协会认定为推荐产品。

机械装备高端智能

机械装备产业是泉州重要的支柱产业之一，涉及9个大类、47个中类、111个小类。这九大类是：金属制品、通用设备、专用设备、汽车制造、运输设备、电气机械和器材制造、计算机通信和其他电子设备、仪器仪表制造业、机械和设备修理业等。机械装备各子行业中，通用设备和专用设备制造是泉州的强项。其中，工程机械、纺织机械从铸造到零部件、电器配件已形成国内外稳定的配套制造产业链、材料供应链、产品销售链，发展稳定；家庭日用生活用品生产设备制造、3C 产品生产机床等发展较快，产业链带动作用明显。

当前，全球制造业正加快迈向数字化、智能化时代，智能制造对传统制造业竞争力的影响日渐深远。装备制造产业是智能制造的重要载体。智能制造离不开智能装备的支撑，包括高级数控机床、配备新型传感器的智能机器人、智能化成套生产线等，用以实现生产过程的自动化、智能化、高效化。近年来，装备智能化已经成为泉州市装备制造产业转型升级重要的着力点。泉州机械装备产业在数控一代、智能制造方面投入大量人力物力，研发装备制造业信息化等新工艺、新技术、新产品，推动机械装备从"泉州制造"向"泉州智造""泉州服务"转型，将泉州打造成重要的机械装备制造基地。

南方路机：专注工程搅拌领域

2022年11月，福建南方路面机械股份有限公司首次公开发行A股并在主板上市，成为泉州第一家登陆上交所主板的机械装备行业企业。

福建南方路面机械股份有限公司自1997年成立以来，一直专注于工程搅拌领域，大力推进数字化、智能化水平，为客户提供工程搅拌领域的建材生产及资源化再生利用整体解决方案，已逐步形成"原生骨料加工处理设备—工程搅拌设备—骨料资源化再生处理设备"全产业链和多层次产品体系布局，可满足客户绿色建材装备一站式全系列产品的采购需求。产品广泛应用于建筑、道路、桥梁、隧道、水利等基础设施建设和房地产开发等下游市场，已成功运用于港珠澳大桥、深圳大湾区建设、中广核核电项目、最长沙漠高速公路（京新高速）等国家战略工程。

福建南方路面机械股份有限公司搅拌站

　　公司高度重视科技创新和技术积累，拥有专业的研发团队和完整的研发体系，先后被认定为国家级高新技术企业、省科技小巨人领军企业、市级重点研发示范企业，拥有省级企业工程技术中心，2006 年被相关部委批准成立博士后科研工作站。 截至 2022 年上半年，公司拥有软件著作权 22 项，专利 616 项，其中发明专利 61 项；主持或参与起草了 15 项国家及行业标准，多项产品获得"国家级火炬计划项目""国家重点新产品"等奖项及荣誉。 公司还先后获得"中国工程机械专业化制造商 50 强""全球工程机械制造商 100 强""2019 中国搅拌机械装备企业 10 强"

"2019 中国预拌砂浆行业最具影响力品牌"等称号。

南方路机与行业知名高校深度合作,积极吸纳专业博士参与公司的研发项目,凭借自身科研实力,成为搅拌设备行业中为数不多被批准设立博士后工作站的厂家之一。2013 年,福建绿色建材装备研究院成立。研究院依托南方路机技术,整合行业内优质资源,以同济大学、武汉理工大学、长安大学、机械科学研究总院海西分院等国内外知名高校及知名研究院为依托,为客户量身定制解决方案,致力于打造一个为绿色建材企业提供全面高端技术服务的平台。

面对行业发展和市场需求,南方路机加大环保高科技产品投入,继续深耕搅拌领域,打造国际商混、沥青、干混搅拌设备的优质品牌,做绿色循环建材整体解决方案服务商。

佰源机械:获得国家科技进步奖

2020 年度国家科技进步奖揭晓,泉州佰源机械科技有限公司参与完成的"高性能无缝纬编智能装备创制及产业化"项目获得国家科技进步奖。

佰源机械是一家专门从事针织大圆机研发、生产、销售、服务、软件开发的高新技术企业。目前公司的规模、销量及生产效率在国内同行业中均居于领先水平。公司已通过 ISO9001：2000 国际质量管理体系认证，ISO14001-2004 环境管理体系和 CE 认证。其生产的"佰源"牌针织圆机已成为圆机中的名牌。

打铁还需自身硬。公司现拥有各种先进生产设备近 300 台，先后从日本和我国台湾地区引进电脑立式车床、CNC 加工中心、数控铣床、电脑雕刻机、大型高精度三坐标测量仪等现代化精密设备，初步实现智能制造。功夫不负有心人，精湛的技术、盛传的美誉，使佰源的发展蒸蒸日上、成绩斐然。公司先后获得"国家高新技术企业""中国工业示范单位""福建省重点企业""省级企业技术中心""省级工程技术研究中心""福建省创新型企业"等诸多荣誉称号。

公司十分注重自主创新，先后获得国家级授权专利 70 多件，其中国家级授权发明专利 8 件，另外已申报仍在受理的国家级授权专利有 12 件。信息技术发展突飞猛进，公司历来注重以科技创新为载体，以满足市场需求为导向，以服务客户为宗旨，以优越的性价比及高附加值的产品为特点，将面向未来，投入巨资，延伸"智能制造＋物联网＋互联网"为拓展空间，倾力打造具有自主知识产权的大数据、产业链、信息化针织云织造协同交易平台，为广大的客户创造出更多的财富，从而回馈社会。

汉威机械：以创新驱动供给侧

汉威机械是专业从事一次性卫生用品生产设备的研发、生产、销售和服务的科技型企业。经过多年的努力与创新，公司已成功进入中端领域设备制造商行列。

作为技术密集型企业，研发创新是其生存和发展的核心。为此，汉威机械紧密跟踪一次性卫生用品行业的国内外先进技术，以自主创新为本，大力发展以自主知识产权为标志的产品成套技术，将技术中心建设成为行业内先进的自动化生产线的研发中心。公司每年都要投入上千万作为专项研发经费，为企业自主研发创新提供资金保障，最终实现产品的有效供给。

汉威机械配备了一支强大的研发团队，分别成立了设备研发中心、产品研发中心，全力以赴地投入企业的生产经营技术研究、新产品开发、简化生产、提高效益、降低成本等工作中，以创新驱动供给侧改革。目前汉威机械拥有高级机械工程师、电气工程师、调试工程师等专业精英90多名。为了吸纳更多人才，汉威机械与华侨大学、福州大学等众多高等院校合作，引进高校毕业生，不断地为企业的研发创新注入新鲜血液。此外，汉威机械还与有关学术团队、国内外专业服务团队、技术顾问合作，为企业的研发工作提供相关支持。

不断创新、精益求精，在这一工匠精神的传承下，汉威机械为设备的高品质化、高稳定性及先进性提供了有力支撑。汉威机械在 20 多年的行业实践中，将技术创新运用到产品及生产的各个环节，紧贴行业脉搏，始终走在设备创新、材料创新、管理创新的道路上。正因如此，汉威机械已经从初期的以低端机型求销量的模式蜕变成现在的以机型为载体，以售后服务为核心的先进发展模式，成为全球知名的一次性卫生用品生产设备供应商，打出了"中国制造"的响亮品牌。

通达集团：高精密度零部件供应商

通达凭借卓越的创新能力、不断增强的柔性制造能力，与世界著名的家电业制造商、通讯业制造商、IT 业界制造商保持紧密的战略伙伴关系，主要包括：华为、格力、联想、富士通、HP、DELL 等企业，赢得全球客户的信任与合作。

通达集团是从事消费类电子电器的精密模具、精密表面处理、精密结构件、精密五金件、光电模组、节能变频电机、卫星数码及新材料开发应用的公司，主要为全球消费电子电器、IT、通讯整机产品提供高精密度零部件产品与服务。2000年通达集团在香港联交所主板上市，拥有几十项发明类专利，是"中国电子元件百强企业""高新技术企业"，多年被列为福建省电子信息行业和泉州市重点工业企业。

自创业以来，通达坚持以客户需求为中心的创新体系驱动企业的持续健康发展，以石狮通达工业园区为集团全球高精密电子、电器、通讯零部件运筹及制造中心，在全球的30多个国家和地区建立了制造中心和服务网络。引进国际先进的光电模组高新技术，拓展光学印刷业务，创建通达光电科技有限公司，致力打造电子、电器、塑胶、光电科技研发生产一体化的综合产业链。通达致力于行业客户需求，为IT笔记本电脑生产厂家、家用电子电器生产厂家提供专业的精密表面结构件配套服务。

通达不断加大新技术、新材料、新工艺的应用及研发投资力度，在全球消费类电子电器结构件与表面装饰领域，巩固行业的领先地位，并逐渐由装饰件向功能化部件的方向迈进。2010年起集团连续荣获石狮市政府授予"突出贡献奖"荣誉称号，并通过了福建省"电子电器表面装饰工程研发中心"的评审。

通达努力打造节能、减排、绿化、循环型绿色企业，厉行RoHS，ISO14000等国际环保标准，推动企业生产条件、生活环境和社会民生品质的持续改善。通达已经建立健全创新机制及知识产权管理平台，获得了几十项发明类专利，努力成为福建本土企业驰骋全球科技业的知识产权先锋。

食品饮料引领潮流

食品产业是泉州传统产业之一，也是泉州特色制造产业，在福建省、全国都占有一定地位，呈现产业布局合理、品牌效应显著、规模效益凸显、装备水平较高的整体行业优势，应用新技术、新设备、新业态、新经营模式，转型升级，持续发展。全市食品产业总产值超千亿元，形成达利集团和福海粮油集团2家年产值超百亿元集团企业，涌现了益海嘉里、福源、阿一波、蜡笔小新、久久王等龙头企业和茶叶加工龙头八马茶业。这些企业特点是规模大、起点高、品牌亮、效益好，在休闲食品、粮油加工、水产加工、茶业饮料等发挥引领示范作用。

多年来，泉州市积极鼓励食品骨干企业创新发展，积极引进国内外一流生产线，消化、改造、创新，提效增益，鼓励龙头企业运用自身优势研发高端产品，引领带动中小企业，配套发展促进产业链上下游协调发展。休闲食品企业，如达利、盼盼、蜡笔小新、味博、福建麦都、好来屋等积极开展与高校、研发机构的多层次合作，强化产、学、研结合，在行业重大关键技术上，取得突破，也不断完善自主创新体系，促进产业转型升级。

达利食品：科技造就好营养

2016 年《福布斯》"全球上市公司 2000 强"排行榜发布，来自中国的食品企业——达利食品集团榜上有名。

《福布斯》全球 2000 强榜单中的企业通常被认为是世界规模最大、实力最强和最具影响力的企业。而当达利集团出现在榜单上时，人们才发现达利食品早已经冲出中国，走向世界。那么，达利又是怎么成为食品圈"新科状元"的呢？

以豆本豆豆奶为例，达利食品集团以创新驱动企业发展，坚持生产技术革新，展现了在生产、工艺、理念、销售及营销方面展现"全链条式"的创新能力。2017 年，达利集团敏锐洞察新消费趋势，推出天然不添加的豆本豆豆奶，迅速引爆饮品市场。2019 年，豆本豆对品牌形象进行全新升级，提出"高科技造就高营养"，建立豆本豆豆奶高营养价值优势。生产方面，豆本豆引进世界新一代生产设备，确保品质如一；工艺上率先实现"全豆研磨"，充分保留大豆营养不流失。 采用植物蛋白破壁提纯技术，创新破壁、提纯、乳化、锁真四大核心工艺，以科技实力为消费者提供一杯醇正、香浓、不添加的营养好豆奶。

达利食品自动化生产车间

通过自主研发、引进技术、合作开发等方式，集团目前已拥有众多国际先进的各类食品饮料生产线，建立产品研发中心，组建强大的研发团队，与国内外众多食品行业研究机构密切合作，不断提升产品品质，开发消费者喜爱的新产品。 集团对创新的持续投入，为引领行业发展方向提供强有力的保障。

达利食品集团诞生于历史文化名城泉州，自1989年创办至今，历经30多年飞速发展，达利食品集团已成长为位列中国民营企业500强的综合性现代化食品企业集团。 2015 年 11 月 20 日，集团于香港联交所主板挂牌上市。 截止目前，集团已拥有 19 家公司，29 个食品饮料生产基地，员工总数 39000 多名，3847 家经销商，年产值超百亿元，有超过 720 个食品单品以及 107 个饮料产品单品。 达利食品类别涵盖六大类，分别为糕点类、薯类膨化食品、饼干、凉茶、复合蛋白饮料、功能饮料，旗下糕点类的"达利园"、饼干类的"好吃点"和薯片类的"可比克"，已成为公认的中国休闲食品领导品牌，"和其正"凉茶、"达利园"花生牛奶、"乐虎"功能饮料，也在各自行业中处于领先地位，这六大核心品牌每个品牌年销售额均在 15 亿元以上。 产业多品牌的发展战略，使达利食品集团成为在食品和饮料行业中都具有规模与实力的企业。

达利食品还实施名牌战略，很早就使用了知名度较高的明星代言，如：达利园（高圆圆，许晴）、可比克（周杰伦）、和其正（陈道明）、乐虎（谢霆锋）极大提高了影响力，还有朗朗上口的广告语吸引了广大的消费者。

达利食品恪守"用心创品质"的企业理念，不断研发新品。 依托从产品研发中心到食品公司，从包装公司到原料生产基地的产业超级平台，达利食品集团已将企业打造成综合性、国际化的现代企业，继续保持和巩固在行业中的优势地位，不断增强实力。

八马茶业：让铁观音香飘四海

在 2019—2021 年度全国农牧渔业丰收奖名单中，八马茶业参与的"福建现代茶产业技术体系提质增效关键技术集成创新与示范推广""茶叶绿色生产关键技术集成推广"分别获得全国农牧渔业丰收奖科技成果奖一等奖和二等奖。这标志八马茶业科技创新迈向新台阶。

作为农业产业化国家重点龙头企业，八马茶业拥有扎实的技术实力，并连续多年承担国家茶叶产业技术体系泉州综合实验站依托单位任务。八马创设茶产业研究院，还获批人社部博士后科研工作站等国家级科研平台，始终以农业科技为抓手，以科技创新提升企业核心竞争力，推进茶园从标准化到智慧化、加工从自动化到智能化、管理从信息化到数字化蜕变，结出累累技术成果。

作为国家级非物质文化遗产项目乌龙茶制作技艺（铁观音制作技艺）代表性传承人，八马茶业创始人王文礼入选国家"万人计划"科技创业领军人才。公司遵循好茶四大标准和三大选品标准，将铁观音技艺凝练成八道制茶工艺，并以二十四定律严制好茶。秉承"让天下人享受茶的健康与快乐"的使命，公司将产品覆盖至全品类茶叶以及茶具、茶食品，推进八马茶业成为中国茶领军企业、头部品牌。 公司连续10年获评农业产业化国家重点龙头企业，连续6年入选"中国品牌价值500强"，连续2届获评"中国茶（叶）行业标志性品牌"，并多次荣获国内外大奖，如国际发明展览会金奖、百年世博中国名茶金骆驼奖、中国绿色食品博览会金奖等。

作为茶园标准化体系的坚守者，八马在全国布局六大茶类十大茗茶基地，将种植生产经验推广到中国各产茶区，以八马的标准体系进行管控，成为全国茶叶标准化技术委员会成员单位和乌龙茶GAP生产示范基地，产品首批通关日本并通过276项检测，荣获世界权威市场调查机构欧睿国际颁发的"中国茶叶连锁专卖店第一品牌""中国茶叶连锁店第一品牌"双认证。

纸业印刷龙头带动

　　纸业印刷是泉州市重要支柱产业，也是九大产业集群之一，现有各类印刷企业1200多家，从业人员5万多人，企业数和产值均占福建省三分之一以上，居全省首位。　生活用纸制品业重点发展高档纸巾纸、湿巾纸等；产业用纸制品业重点发展激光纸、医疗卫生用纸、保鲜纸等；文化用纸制品业重点发展高精度打印纸、涂布胶印纸、铜版纸等；包装印刷纸制品业重点发展节能环保型产品、新兴智能产品、多层复合高档软包装印刷和即时印刷、按需印刷、个性化印刷、远程印刷等新型业态。　加快推进中国包装印刷产业晋江基地和石狮市高新区五金印刷产业园基础设施建设，通过项目带动壮大龙头企业，加快推进恒安集团、优兰发集团、泉州玖龙纸业、恒利集团等企业技术改造、扩建，提升泉州纸业核心竞争力。

　　近年来，围绕绿色化、数字化、信息化、智能化的产业发展趋势，泉州纸制品企业引进先进技术，加大科研投入，积极开展绿色印刷认证、技术改造，加快印刷产业的数字化和绿色化转型升级，构建印刷产业创新创意印刷、绿色印刷、数字印刷和技术服务平台，融合创新创意设计和互联网元素，推动印刷技术在装饰装潢、文化产业、现代服务业等领域的应用延伸，促进产业集聚，尽快形成发展增量。

恒安集团：坚守实业促创新

晋江市内坑镇，福建恒安家庭生活用品有限公司生产基地内，"黑灯仓库"里的机器人手臂，正有条不紊地进行码垛作业。在这个容量达传统仓库 4 倍的立体仓库内，成品包装、运输、发货等环节全部由智能化系统"包办"，工人们通过操控板即可对吨级原料轻松装载。

这是恒安集团最新推出的智慧工厂，用地 613 亩，建筑面积 80 万平方米，通过延伸上下游的价值链，高标准建设集"上游原材料"、"智能生产"、"智慧仓储"、"2B、2C 智能分拣仓"及其他配套为一体的现代化卫生用品产业园，实现数据线上与线下采集一体化，实现实时在线质量监控、分析与管理，建立中控中心，以全流程视角进行工厂整体数字化运营在线监控。打通仓储、来料检验、车间管理与 SAP/WMS 接口，实现数据的快速上传对接，打造行业首家智能制造项目，这将成为恒安集团在全国标准最高、体量最大的综合性产业基地。

恒安集团智能生产车间

恒安集团创立于 1985 年，是目前国内最大的生活用纸和妇幼卫生用品制造商，拥有固定资产 20 多亿元，员工 1 万余人，在全国 14 个省、市拥有 20 余家附属公司，销售和分销网络覆盖全国。 1998 年在香港联交所上市；2011 年，恒安国际入编香港恒生指数成分股；2021 年，恒安集团实现营业收入 210亿元。 旗下拥有安尔乐、心相印、七度空间、安儿乐 4 枚中国驰名商标，集团的卫生巾、纸尿裤、生活用纸三大主导产品在国内市场占有率名列前茅。

成立 30 多年来，恒安集团心无旁骛，持续创新，创造了从一家乡镇小厂发展成为国内最大的家庭生活用品企业的神话。

恒安创新是多维度的，引进最新版本 SAPPCE
（私有云），进一步推动"业财一体化"，构建统一、
高效、敏捷、可持续的恒安数字化核心，为下一阶段
高速发展提供新动力。 管理运营端数字化转型的同
时，恒安还不断在产品端进行研发创新，"一种非织
造布及织造方法"项目获中国专利优秀奖。 这是恒
安在生活用纸产品品类上获得的又一奖项。

一张纸也能"玩"出花儿，这背后是恒安沉淀 30
多年的科技硬实力。 心相印经典款、"多次给婴儿擤
鼻涕都不会红鼻子"的乳霜纸巾、可冲厕湿纸巾、提
神湿巾……在一张"纸"上，恒安做足功夫，累计申
请专利 506 项，用一款款创新产品，坐实国内生活用
纸相关领域"专利大户"地位。 2022 年 7 月，第 29
届生活用纸国际科技展览会颁奖暨"匠心产品"榜单
发布会在武汉召开，"三品"全国行——2022 年中国
生活用纸和卫生用品行业"匠心产品"榜单隆重发
布，七度空间荣登"匠心产品"榜单。

恒安坚持"诚信、拼搏、创新、奉献"的精神，
以"追求健康，你我一起成长"为使命，通过持续的
创新与优质产品服务，致力成为国际顶级的家庭生活
用品企业。 恒安始终坚持在顽强拼搏中持续创新，
通过股份制改革规范经营，成为晋江首家上市企业；
率先引入国际咨询公司，通过多次管理变革，保持了
企业持续健康成长；启动了 SAP 升级项目，进一步

深化数字化转型。 近年来，恒安在晋江内坑、湖北孝感、广东云浮、湖南常德等地新建或扩建产能，总投资超 200 亿元。 如今，恒安集团已拥有国家企业技术中心、国家工业设计中心、CNAS 认可实验室等高质量技术平台，先后荣获全国质量管理先进单位等荣誉。

面向未来，恒安集团始终用品质开拓和引领中国高端卫生用品行业，参与全球化竞争，致力于打造国际顶级的家庭生活用品集团，推动新国货品牌国际化进程，不忘初心，向着"百年千亿"目标接续奋斗，进一步擦亮中国品牌和中国制造的形象。

优兰发：更换"跑道"寻找"蓝海"

作为亚洲最大的薄型纸生产企业，优兰发在上市之后进一步加大研发投入，新增多条薄页包装纸生产线，寻找"蓝海"，多次更换"跑道"，成功转战复印纸市场，完成"黑纸变白纸"的蜕变。

优兰发集团是福建省四大纸制品生产研发基地之一，最先从事瓦楞纸生产，现已发展成为全球较大的薄页纸、拷贝纸生产基地。 集团荣获中国造纸行业协会颁布的"2008 年度全国纸浆造纸 30 强企业"，是全省造纸研究中心、省级创新型试点企业和省级知

识产权优势企业。 集团控股公司"优源国际"于
2010 年 5 月份在香港成功上市。

一直以来，优兰发主打科技研发牌，致力于产能
提升、产品升级、附加值增加和持续科技创新。 优
兰发牵手华南理工大学、福建农林大学等高校，实现
产学研对接。 优兰发在人才、经费等各方面增加投
入，转化更多的科研成果，储备更多的新产品。 与
科研相配套的是，优兰发投入一批新的高端设备，将
新研发的薄型纸产品转化为最前沿的市场产品。 通
过更换"跑道"，优兰发实现了"错位经营"，在高端
复印纸市场迅速脱颖而出。 从最早的瓦楞纸，到高
端复印纸，再到薄页包装纸，每一次的创新都是一次
转型升级的开始。 此后，优兰发主攻高端包装纸市
场，高档包装纸业绩收入占到总收入的 80%。 薄页
包装纸和食品包装纸成为两个主打产品。 目前优兰
发已建成亚洲最大的薄页纸生产基地，引领行业
发展。

因为有了科技创新这一法宝，优兰发这么多年持
续领跑行业，以层出不穷的新品引领市场。 多年
来，优兰发在科技创新方面走在了全省乃至全国同行
的前列，提升自身产品质量的同时也为整个行业带来
贡献。

电子信息专精特新

电子信息产业既是泉州九大传统产业之一，同时也是泉州市重点发力的战略性新兴产业，目前已形成一定规模的特色产业集群，重点发展集成电路、化合物半导体、半导体照明与新型显示、智能终端、软件和信息服务等五大产业，壮大产业规模，培育特色领域。大力推进园区标准化，建成了涵盖安溪、晋江、南安的半导体高新技术产业园区，形成"一区三园"的格局，推动形成"产业集群、资源集中、人才集聚"的发展格局，打造成海峡两岸电子信息产业先导区，建成全国领先的新一代信息技术资源集聚地和新一代信息技术应用服务示范基地。

科技创新方面，突出专精特新，大力推广高新技术，开发高端产品，创立晋江集成电路产业学院、南安芯谷半导体现代产业学院、科技创新驱动中心等各类平台。以 DRAM 存储器国产化进程为目标，构建"设计、制造、封装测试、材料装备、终端应用"的集成电路全产业链。重点引进砷化镓、氮化镓、碳化硅、磷化铟等化合物半导体芯片生产线，发展具有国际先进水平的化合物半导体制造生产线。同时，壮大特色产业集群，推动微波通信、无线对讲机、数字视听等传统产业集群转型升级，促进泉州市新一代信息技术产业补链、强链，增强科技竞争力。

火炬电子：领军陶瓷电容器

2020 年，火炬电子获得国家级专精特新"小巨人"称号，是国家高新技术企业，也是我国首批通过宇航级产品认证的高科技企业之一。

火炬电子始创于 1989 年，在我国电容器（ML-CC）行业拥有龙头地位，相关产品主要有军用和民用两个方向，广泛应用于航空、航天、船舶以及通讯、电力、轨道交通、新能源等领域。2015 年 1 月，公司在上海证券交易所上市。公司主要从事电子元器件、新材料及相关产品的研发、生产、销售、检测及服务业务，围绕"元器件、新材料、国际贸易"三大战略板块布局。公司生产的"火炬牌"陶瓷电容器产品主要包括多层片式陶瓷电容器和引线式电容器，以其高可靠性、高质量等级、高技术含量附加值先后获得国家重点新产品、福建名牌产品、福建自主创新产品称号。火炬电子自 2013 年涉足并布局新材料领域，探索沉淀近十年，以技术独占许可及自主研发的方式，掌握了一系列专业技术，是国内少数具备高性能特种陶瓷产业化生产能力的企业之一。

公司连续 9 年荣登中国电子元器件百强企业，拥有 CNAS 实验室认可的火炬电子实验室、省级企业技术中心、省级工程研究中心，设立国家博士后科研工作站，先后通过 ISO9001 质量管理体系、ISO14001 环境管理体系、ISO45001 职业健康安全管理体系、SA8000 社会责任管理体系认证和 IATF16949 质量管理体系等资质认证。

火炬电子下设福建立亚化学有限公司，主要从事聚碳硅烷（PCS）的研发、生产及销售。公司突破了聚碳硅烷（PCS）各项产业化制备关键技术，技术水平及产品性能均达到国际领先水平。由其作为基体制造的陶瓷基复合材料和由其作为先驱体转化的高性能特种纤维，都具有耐高温、抗氧化、高比强度、高比模量等优异特性。产品主要用于制备碳化硅、氮化硅连续纤维，制备大块体近尺寸的碳化硅陶瓷基体，制备金属、玻璃陶瓷表面的碳化硅涂层和微粒弥散的复相陶瓷。由聚碳硅烷（PCS）制备的纤维和基体也广泛应用于航天、核工业等领域的热端结构部件。

南威：软件行业领头羊

"最多跑一次""不见面审批""一网通办""秒批秒办""跨省通办""区块链证照通""一码通城""云协同办公"等政务服务创新模式和标杆案例，覆盖中央到社区 6 级政府部门，服务超 20 个国家部委、全国 30 个省、256 个地市政府用户，创新成果连续多年写入政府工作报告。

这是南威软件近年来为"数字中国"建设交出的亮眼成绩单。

南威软件总部大楼

南威软件集团成立于 2002 年，总部位于福建泉州，在北京设立全球业务和运营总部，是全国政务服务龙头企业，拥有超百家全资、控股、参股公司，是福建省首家在上海主板上市的网信企业，是国家数字政府建设联盟常任副理事长单位、福建省软件行业协会会长单位。 公司聚焦数字政府的发展政务服务、公共安全、城市管理等主营业务，深化发展社会服务运营，创新发展行业实用型芯片与传感器产业，服务于政府数字化转型，助力国家治理体系和治理能力现代化。

南威软件致力于成为拥有重大、关键、核心技术的科技集团，实施技术、产业、人才、资本、生态五位一体战略。 公司获批国家企业技术中心、国家级博士后科研工作站、福建省院士专家工作站、福建省自主可控软件重点实验室，并与清华大学成立数字治理信息技术联合研究中心，进行联合科研攻关和科研成果转化。 公司已承担国家科技支撑计划、国家电子信息产业发展基金、国家信息安全专项等超 50 项国家级科研课题，获得国际大奖 7 项、国内大奖数十项、国家级和省市科技进步奖超 50 项、专利超 100 项、软件著作权超 1000 项。 公司自主研发智慧城市智能支撑运营系统 IOSS，实现对智慧城市各领域融合系统运行情况进行实时监控与调度管理。 目前全球拥有类似的系统有 IBM 的 IOC，IOSS 的出现实现了对国际著名产品的国产化替代。 南威软件参与"互联网＋政务服务"、"互联网＋监管"、数据资源协同共享、电子证照、新型智慧城市等国家级平台顶层设计，主导及参与超百项国家、行业标准制定。

南威软件赋能数字政府创新建设，为各行业应用场景提供支撑服务。在政务服务领域，形成政务服务一体化平台、"互联网＋监管"一体化平台、"互联网＋督查"一体化平台、亲清政企服务直通平台等"一网通办""一网协同"产品矩阵；在公共安全领域，形成新一代智慧警务信息综合平台、智能感知大数据平台等实战化应用产品；在城市管理领域，形成城市数字化支撑平台、城市大脑运行平台、城市综合管理服务平台等"一网统管""一屏统览"产品矩阵；在社会服务运营领域，以城市通和一码通为核心入口，从场景运营、平台运营、数据运营等多维度打造社会服务运营平台，赋能基层社会治理现代化建设。

飞通：海洋通信"中国制造"旗帜

2000年，生产制造船舶通信导航产品的科技公司飞通在石狮悄然创立。

它曾经是一家微不足道的兄弟小厂，却逐步改变国内船舶通信导航市场的格局，树立了船舶通信导航设备"中国制造"的响亮品牌。

从模仿到创造再到突破，扎根海洋的飞通科技把核心技术牢牢掌握在自己手中，推动船舶通导产品国产化。

公司领导层把"唯科技方能兴，唯创新方能不败"作为公司斩荆破浪的经营理念，重金投入研发，每年的研发经费约占公司年度总收入的8％，高于同行业水平，以高研发投入确保产品在市场的领先地位。

飞通科技成立于2000年5月，是专业致力于海洋通信导航装备、卫星通信、船舶定位、应急通信、海洋信息化技术领域，集研发、制造、销售、运营服务为一体的高新技术企业，是北斗导航民用分理级服务运营单位、国际海事卫星和中国船级社（CCS）认可单位、福建省海洋产业龙头企业、福建省创新型企业。

飞通 FT-7800 北斗定位系统 GPS 双模定位

20多年来，飞通科技上下一心，戮力前行，收获累累硕果：研制出24个品类、38种船舶通导设备，取得93项专利和46项软件著作权，在国内船舶通导设备市场占据龙头地位。公司拥有一支从事海洋通信导航、卫星通信技术的专业研发团队，包括一批长期从事射频通信硬、软件、数字信号处理和微波通信的高级人才。他们有丰富的工作经验、强烈的质量意识、保密意识及严谨、务实的工作作风。

2017年，船舶行业国际认证技术和管理咨询服务权威机构中国船级社（CCS）向飞通科技颁发首份北斗无线电示位标型式认证证书，飞通科技成为国内首家取得中国船级社北斗无线电示位标认可的制造商。中国卫星导航定位应用管理中心发布的2021年度北斗导航民用服务资质年检审查结果显示，全国仅有11家企业通过该年度资质审查，飞通科技是其中一家，也是福建省唯一一家。这些都是飞通科技自主研发、科技创新的坚实足迹。

今天的飞通科技，立足实业，坚持研发，不断突破，实现产品制造商向系统集成方案提供商和海洋大数据信息服务商全方位稳步发展，勇当海洋信息化引领者。

工艺制品巧夺天工

泉州工艺制品产业走出了一条从传统技艺向产业化发展之路，逐渐形成具有闽南特色的工艺制品产业集群，跻身泉州九大千亿产业集群行列，占据全市经济重要位置。 2021 年，工艺美术产业实现产值 1370 亿元，呈现出一片百花齐放的繁荣状态。

在科技创新方面，泉州工艺美术一直以"大师""匠心"的主线赓续传承。 大师，一手执着技艺，一手推动产业，演绎充满历史传承感的泉州传奇。 全市现有 37 项技艺品种，入选国家、省级、市级非物质文化遗产保护名录的分别有 12 项、27 项、35 项。在泉州众多工艺美术产业集群中，德化陶瓷、惠安石雕、永春制香和安溪藤铁处于产业领先位置，不仅从业人员多，获得的成就也高。

德化陶瓷产业老树新芽

德化县坚持按照"传统瓷雕精品化，工艺陶瓷日用化，日用陶瓷艺术化，新型陶瓷规模化"的发展思路，现有陶瓷企业 3000 多家，从业人员 10 多万人，是全国最大的陶瓷工艺品生产和出口基地、全国最大的陶瓷茶具和花盆生产基地，获评"中国瓷都""中国民间文化艺术之乡""中国陶瓷历史文化名城"，荣膺全球首个"世界陶瓷之都"，工艺瓷远销 190 多个国家和地区，占全国工艺品陶瓷出口市场份额 60%以上。2020 年，德化县陶瓷产值达 402.5 亿元。

近年来，德化县努力推动陶瓷产业创新发展，走科技兴陶之路，"调强"高科技、新材料陶瓷这一特色。该县正向卫浴陶瓷、建筑陶瓷、高科技陶瓷等新板块进军，不仅将高性能碳化硅陶瓷及复合材料和技术创新研究院引入瓷都，生产特种陶瓷、半导体、光伏等特种陶瓷产品，还成立石英板材和光电制品生产厂。德化县还建立高科技陶瓷中试研究院，引进沈阳自动化研究所成立陶瓷智能装备研究院，对接西安交大、厦大进行尾矿除铁回收实验，联合合肥工大开展尾矿微晶玻璃陶瓷项目研究。德化县大力实施提升工艺创新力计划，在传统陶瓷提升、智能装备、高科技陶瓷引进"三新"应用等方面加大研发投入，培育创新企业，促进高新技术企业队伍规模进一步壮大。

佳美集团:科技兴企力拓市场

福建省佳美集团公司位于中国的瓷都——德化，一直注重科技兴企，时刻关注产品开发创新工作，不断开发创新产品占领市场，做到"你有我新、你新我优"，使企业在激烈的市场竞争中获得发展主动权。公司建立了技术研究开发中心，每年还投入数百万元用于产品开发。公司几乎每天都有新产品同客户见面，共有两大类五个系列近四万件样品可供客户选择，款式新颖，造型奇特，种类繁多，满足了不同国家、不同民族、不同区域、不同客户的需求。

公司秉承"创名牌、做第一"的经营理念，拥有一支技术力量雄厚的产品研发队伍。目前公司共获得专利证书 78 项，版权 121 项，已形成瓷土精加工、产品开发与生产、彩印包装、运输仓储、报关出口内部配套一条龙的运作体系，成为瓷都德化规模最大、业绩最为突出的陶瓷企业，成为工艺陶瓷行业中的领头羊。

惠安石雕产业传承创新

近年来，惠安县石雕产业既坚守传统技艺，拉伸产业链，又通过科技创新、文化注入、品牌打造，提升雕艺产业的创造力和品牌价值，已发展成为国内产业规模最大、工艺水平最高的雕艺产业，涵盖设计研发、生产加工、建筑装饰等。2019年，全县共有石雕企业800多家，从业人员10多万人，产值300多亿元。

石雕产业历经千年长盛不衰，在技艺上精益求精、与时俱进是重要因素，如今惠安石雕正在走出传统的表现形式，探索石雕与现代前卫艺术的融合，并在智能制造风潮的推动下，石雕机器人、平面雕刻机等机械设备广泛应用，取代了部分人工凿刻，可完成成品的八成以上，大大提升生产效率。

荣发石业：一举成名天下知

2009年，由广州美术学院设计创作，荣发石业负责施工的湖南长沙橘子洲头青年毛泽东艺术雕塑工程竣工，荣发石业一时闻名天下。

多年来，集团始终坚持科技是第一生产力，不断提高科技力量建设，先后被认定为"福建省科技小巨人领军企业""泉州市新型科研机构""泉州市企业工程技术研究中心"。

集团建设有雕刻车间、建材车间、数控加工中心、GRC新型建材加工车间等各类标准厂房，机械设备齐全，技术力量雄厚，目前拥有三维扫描设备，3D打印、三维快速成型机械，三维数控雕刻机械等

长沙橘子洲头青年毛泽东艺术雕塑

专业设备。 集团拥有国家一级工艺美术师 1 名，客座教授 11 名，各类专业技术人员 67 名。 集团先后通过 ISO9001：2015 质量管理体系认证，知识产权管理体系 GB/T 29490-2013 体系认证。

作为一家集生产加工及安装各类城市雕塑、古建雕刻、现代艺术品、新型建材等的综合性集团公司，集团依靠良好的品质，获得消费者良好的口碑，先后获得"福建省著名商标""福建省名牌产品"；被中国雕塑学会授予"2010 年度中国雕塑学会先进集体"；被中国工艺美术学会授予"2011 年度中国 20 强雕塑企业"；被清华大学美术学院雕塑系及广州美术学院雕塑系定为"教学实习基地"；于 2017 年被中国石材协会授予"全国石材行业十二五创新成果奖"。 集团系中国雕塑学会理事单位，中国石材协会会员单位，福建雕塑学会副会长单位。

永春制香产业蓬勃发展

近年来，永春县以香作为特色主导产业，锚定打造香文化百亿产业集群的目标，形成上游的香料种植、中游的生态香品制作、下游的芳香康养等的一二三产融合产业集群，已成为永春强县富民的大产业，拥有制香企业300多家，2020年实现产值102亿元。其中，兴隆、彬达等5家企业成为全国燃香类产品国家标准起草单位，达盛香业、金丰香业在海峡股权交易中心成功挂牌上市。永春香在传统朝拜香、居家养生香的基础上，持续探索发展精油提取、生活熏香、芳香疗愈等新业态，推动香产业向芳香产业转型升级。

兴隆香业：国家制香产业技术标准起草单位

福建兴隆香业有限公司位于全国四大香业生产基地——"中国香都"永春县达埔镇，是一家在继承传统制香技艺的基础上，注入科技创新元素的行业龙头企业，是国家制香产业质量技术标准和国家行业标准起草单位、福建"专精特新"企业。

作为国家标准起草单位，公司重视自主创新研

兴隆香

发，获得注册发明专利、实用新型、外包装等专利 64 项，研发生产禅香、家居养生香品 1000 多种，连续多年被评为"福建名牌产品"，在国内外竞赛评比中荣获 10 个金奖，4 个银奖，9 个铜奖。其中，"香道－龙翔"在第十九届中国工艺美术大师作品获得"百花杯"中国工艺美术精品奖金奖。产品先后通过 ISO9001∶2015 国际质量体系认证，ISO14001∶2015 国际环境管理体系认证。

公司注重传承与创新的结合，大力弘扬工匠精神，牢固品牌意识、质量意识，传承阿拉伯人后裔蒲氏传统制香法，总结提炼"兴隆十式古制法"（即沾、搓、浸、展、抡、切、晒、染、晾、藏），形成永春篾香工艺标准化，在传统制香业起到了示范作用。公司是中国制香行业协会副会长单位、福建省农业产业重

点龙头企业、福建省著名商标和名牌产品，其负责人林
文溪为"福建省工艺美术大师""福建省非物质文化遗产
代表性传承人"，主导研发的香品多次获得国家级、省
级大奖。 同时，兴隆香业重视加强与高校科研机构的合
作研发，与福建中医药大学合作研制"和心香""能和
香"，香品取得突破，有力推进香产业创新发展。

安溪藤铁工艺更新换代

以安溪县为主产区的泉州藤铁工艺产业历经"竹
编、藤编、藤铁工艺、家居工艺"四个阶段，已形成
集竹子、铁件、藤条、木料、树脂等销售于一体的专
业原辅料市场。 安溪藤铁工艺品远销欧美、东南
亚、日本等60多个国家和地区，是中国最大的藤铁
工艺品出口基地。 通过引进真空电镀钛金工艺、激
光切割、木材电脑雕刻、机器人焊接等新工艺生产
线，泉州藤铁工艺产业不断更新换代，转型升级。

石油化工创新发展

　　泉州石化产业以福建联合石化公司和中化泉州石化公司为龙头，壮大产业骨干企业；以扩大烯烃、芳烃产能和炼油能力为核心，增强基础化工原料供给能力。着力推动泉港、泉惠石化工业园区结构调整、转型升级，持续发展三大合成材料及后加工工业，加快产业链对接和延伸发展循环经济，推广低碳技术，加强节能减排，取得很好的成绩，实现了产值超3000亿元发展目标，将初步建成具有较强国际竞争力的世界级临港石化基地定为发展目标。

　　科技创新方面，泉州以创新驱动石化产品结构调整、转型升级，优化油品结构，提高油品质量。泉惠和泉港石化工业园区分别被评为第一批、第二批"中国智慧化工园区试点示范（创建）单位"。福建联合石化公司和中化泉州石化公司十分重视炼油技术水平的提升，利用大数据、人工智能、云计算、移动应用、物联网等IT技术，朝着建设具有"自动化、数字化、模型化、可视化、集成化、智能化"六大特

中化泉州石化厂区新貌

征的智能企业迈进；中化泉州石化公司智能制造系统被列为 2020 年福建省智能制造试点示范企业项目。同时，泉州石化企业以发展化工新材料、精细化工为重点，大力推广高新技术，开发高端产品。 新型功能性纤维、功能性塑料薄膜、功能性合成树脂和改性橡胶塑料制品等化工新材料快速发展，成为泉州市新材料产业最大亮点。 精细化工产业重点是发展纺织服装业和制鞋业急需的粘胶剂、热熔胶、化纤及纺织油剂、漂染助剂和制革化学品等。

佑达环保电子：精细化学新材料技术突破

2021 年，福州大学侯琳熙团队与落户于泉港的

福建佑达公司等，共同参与完成的"新型显示领域聚
醚类功能湿电子化学品的开发及产业化"项目，荣获
2021 年度石化联合会科技进步一等奖。

　　这项技术主要针对液晶面板生产中间的三个过
程：在涂胶之前的清洗过程中用到的是清洗剂，在显
影过程用到的是显影液，在脱膜过程中用到的是剥离
液。 这三种液体都是属于在光刻工艺中十分重要的
三个组分。

　　2017 年，福州大学与福建佑达公司在福州大学
石化学院泉港校区成立福州大学—佑达环保电子精细
化学新材料工程技术中心，专注研究新型显示领域电
子精细化学品原材料，并建立了清洗剂、显影液、剥
离液三条模拟实验生产线。

　　研发团队历经近 5 年时间攻关，在新型显示领域
聚醚类功能湿电子化学品的开发及产业化方面取得了
突破性进展，并实现了规模化工程企业运用。

　　研发成果落地后，所生产的清洗剂、显影液及剥
离液，运用范围也非常广。 产品主要用在液晶屏、
手机屏、车载屏等这一系列的新型显示领域。

　　除经济效益外，基于该项目所研发的产品对于行
业有着更为深远的社会意义。 在早期，90％以上的
清洗剂、显影液和剥离液都是掌握美、日、韩、法等
这些国家手中，现在佑达公司的清洗剂已经代替了一
些国际品牌（材料），目前在国内市场的占有率已经

是第一，而高端的显影液也已经开始在几条产线上推广，保障了这些液晶生产面板企业生产供应链的安全。

博纯材料：把握核心技术"命门"

电子气体被喻为电子工业的"血液"，是半导体产业链上游制造过程中的关键材料，这是一个高门槛、投资周期长，同时也蕴藏广阔市场的行业。

博纯材料股份有限公司瞄准了这一市场，建成锗烷（GeH4）生产基地，研发和生产超高纯度电子特气、各种混合气体及其他电子级材料。产品广泛应用于集成电路、液晶平板、LED、太阳能电池等电子制造业。

博纯公司成立于 2009 年 9 月，总部设立于中国福建省泉州市，制造工厂位于泉州永春县和泉惠石化工业园；分公司设立于上海和深圳，主要负责博纯产品的销售、市场及客户服务等业务。公司设立于我国香港地区的分支机构及我国台湾地区、日本、韩国的营销团队，主要负责亚太地区业务。

一开始，博纯即联合美国特殊气体专家和国内精英团队统筹运营管理公司，至今已通过 BV 认证机构 ISO9001、ISO14001、ISO45001、QC080000 等多项认证。 同时博纯材料还是国家集成电路材料和零部件产业技术创新战略联盟的会员单位。 陈国富，公司董事会主席兼首席执行官，美国加利福尼亚大学伯克利分校化学工程学士，美国南加州大学工商管理硕士，福建省引才"百人计划"第五批创业人才，SEMI 协会气体委员会成员、SEMI 协会 Ⅲ，V 物料委员会成员。

2020 年，英特尔宣布，旗下风险投资机构英特尔资本（Intel Capital）对博纯材料股份有限公司进行投资，资金将用于博纯材料的产品研发、产线升级，以及向日本、韩国、美国等重点海外市场拓展。

新兴产业异军突起

近年来，泉州市立足优势特色和产业基础，以龙头企业带动上下游相关企业、科研平台、行业协会分工协作、协同创新，集成电路、传感器、化合物半导体、新一代信息技术、新材料等高新技术产业和战略性新兴产业蓬勃发展，在集成电路、新型功能材料、智能装备制造等领域打造形成具有竞争优势的产业集群，成为推动经济高质量发展的动力引擎。其中，集成电路产业以晋华、三安两大龙头企业为核心，吸引设计、封装测试、制造设备、关键原材料等上下游产业链配套企业落户，推动全产业链集聚。新型功能材料产业重点发展功能性纤维、石墨烯功能材料、功能性陶瓷、功能性高分子材料等领域，形成以晋江、石狮、南安、安溪、惠安、泉港、台商投资区等新型功能材料原料及产品制造基地，集聚了百宏集团、信和公司等一批新型功能材料企业。智能装备制造产业以关键基础零部件、智能化高端装备、智能测控装备和重大集成装备四大环节为主导，推动信息

177

化和工业化深度融合，培育了南方路机、铁拓机械、晋工机械等一批全国知名装备品牌，制造业逐步向智能化发展。

三安光电：LED 外延芯片巨无霸

2014 年三安光电投资集成电路产业，建设砷化镓高速半导体与氮化镓高功率半导体项目。

2018 年，三安光电在南安高新技术产业园区，投资Ⅲ-Ⅴ族化合物半导体材料、LED 外延、芯片、微波集成电路、光通讯、射频滤波器、电力电子、SIC 材料及器件、特种封装等产业，实现在半导体化合物高端领域的全产业链布局。

三安光电股份有限公司成立于 2000 年 11 月，是国内成立最早、规模最大、品质最好的全色系超高亮度 LED 外延及芯片产业化生产基地。公司于 2008 年 7 月在上海证券交易所挂牌上市，产业化基地分布在厦门、天津、芜湖、泉州等多个地区，是国家发改委批准的"国家高技术产业化示范工程"企业、国家科技部及信息产业部认定的"半导体照明工程龙头企业"、工业和信息化部认定的"国家技术创新示范企业"、航空航天工业部确认的"战略合作伙伴"。

公司以打造拥有独立自主知识产权的民族高科技

全球 LED 外延芯片龙头——三安光电

企业为己任，以创建国际一流企业为愿景。公司拥有千余台（套）国内外最先进的 LED 外延生长和芯片制造设备，其规模为国内第一名，国际前十名；已实现年产外延片 65 万片，芯片 200 亿粒的生产规模。

作为国家高技术产业化示范工程、国家人事部批准的企业博士后科研工作站，三安光电拥有世界最先进的仪器设备和高标准的生产环境，聚集了一批国内外一流的 LED 生产技术专家。公司拥有由我国大陆和台湾地区、美国、日本光电技术顶尖人才组成的高素质研发团队，研发能力居国内前列，到目前为止，已申请及获得 33 项发明专利及专有技术。公司承担了国家"863""973"计划等多项重大课题，技术攻关项目超 8 瓦大功率 InGaN 蓝光激光器设计和制作已达到国际水准，取得突破性成果，并且对国内大功率 InGaN 蓝光激的发展具有重要的实践支持意义。

三安光电坚持以质量求生存，以创新谋发展，勇于开拓、不断创新。产品更新换代的步伐紧跟国际潮流，具有自主知识产权的多项技术填补了国内空白。

中科光芯：国内第一家制造光通信芯片的企业

光子产业是 21 世纪最具先导性、基础性的新兴产业之一。中科光芯既是国内第一家制造光通信芯片的企业，也是唯一能全产业链自主生产光芯片的企业，并在这一领域打破美国和日本的垄断地位。它是一家能够独立设计并量产光芯片及光器件，在高速半导体激光器、探测器、调制器等光纤通信领域具有中国本土特色的高新技术企业，拥有外延生长、芯片微纳加工及器件封装产业线，现有产品包括外延片、芯片、TO 器件、光器件、光模块等。

中科光芯作为具有核心知识产权的高端制造业，一直引领创新潮流，已经获批 12 个国家专利。同时由于技术的领先性，公司与中科院等科研单位共同承担包括国家"863"项目、军工项目等多个国家级、省级重大科研项目，还入选了国务院"重点华侨华人创业团队"，被认定为高新技术产业企业，当选福建省质量文化促进会员单位。公司于 2019 年在石狮市建成投产，产能在 2020—2021 年度提升了 50%～60%，年产各类 4G 光芯片、器件、模块 1300 多万件。目前，该公司生产 5G 通讯光芯片的技术已趋于成熟。

华清电子：填补国内行业空白

福建华清电子材料科技有限公司是国内规模最大的氮化铝陶瓷基板生产制造企业，专业从事高热导率氮化铝陶瓷基板和电子陶瓷元器件研发、生产、销售，产品主要应用于 5G 通讯、LED 封装、功率模块、影像传感、汽车电子和航天军工等高科技领域，销往国内外多个地区。

公司已经拥有一整套性能先进的电子陶瓷生产设备和检测仪器，是国内第一家规模化、采用流延法生产氮化铝陶瓷基板的企业，主导产品是氮化铝陶瓷基板及其相关电子元器件。与国外同行企业相比较，在氮化铝陶瓷基板流延浆料配制、低温烧结等方面，公司自有的氮化铝陶瓷流延法生产技术与工艺均具有独创性和先进性，所生产的氮化铝陶瓷基板具有高热导率、较低的介电常数和介质损耗、优良的力学性能，可广泛应用于电子信息、电力电子等高技术领域，填补了该领域的国内空白，已达到国际领先水平。

金石能源：光伏行业技术领先者

福建金石能源有限公司是一家技术型国家高新技术企业。作为全球最早进行薄膜太阳能电池装备研发的企业之一、光伏行业异质结电池方向的技术领先者，主要从事 HDT 高效太阳电池与大规模产业化生产设备及整套生产线"交钥匙工程"的研发、制造、销售及综合服务，致力于开展异质结等先进电池及光伏储能关键共性技术攻关，着力解决异质结电池研发、生产"卡脖子"装备与技术问题。

为保证企业的核心竞争力，金石能源强化科技创新引领，持续进行研发投入，激活企业内生动力，已累计投入研发 6.35 亿元，2021 年研发费用占营业收入比例为 7.02%。公司积极建设设备与智能制造研发平台、先进电池/组件工艺、材料技术平台、产品中试平台、电池/组件产品测试验证平台等多个研发与支撑平台，现有研发人员 126 人，累计申请专利 157 件，获得授权专利 96 件。2021 年 11 月，由公司牵头组建的"高效太阳电池装备与技术国家工程研究中心"获得国家发展改革委批复。该中心是中国光伏行业迄今为止第一个国家工程研究中心，也是福建省二十多年来获批的第 3 家国家工程研究中心、第 2 家由企业牵头组建的国家工程研究中心。 2022年，公司承担的"背接触异质结（HBC）太阳电池核心工艺研发"列入省区域发展科技项目计划。

目前，公司生产的异质结太阳电池组件产品经过德国 TUV 等行业权威机构认证，并进入行业内主要的新能源电力企业、光伏组件制造企业的供应链中。

异质结装备与技术服务商——金石能源

智慧农业成形成势

近年来,借科技兴农的东风,泉州市紧跟互联网、大数据时代步伐,在果蔬茶叶、畜禽养殖、海洋生物、花卉苗木等领域进行物联网改造,并在现代农业项目中逐步实施和推广智能温室大棚、水肥一体化、质量安全可追溯等农业高新技术,推动全市农业产业链改造升级,为农业的增产、增收增添了渠道。

在智能技术方面,中科生物建成全球领先的植物工厂、帝茂农场用农业物联网实现大棚的智能化控制、佑康农牧自动化智能化技术颠覆了传统的养猪方式、鑫海水产自动化水下监控系统等智能化应用方兴未艾。 在数字赋能方面,力豪公司的智能水培种植大棚、阳升公司养殖全流程自动化、辋川火龙果种植"5G+"智慧农业化平台、东泽智慧5G智慧生态茶园顺利面世,还有司雷植保成功将声光生物信息技术运用于茶叶虫害防治领域等。 在可追溯食用农产品安全方面,八马茶叶的产品溯源码、戴云黑鸡的智能脚环、玉丰畜牧"一品一码"追溯管理系统、芸香果

蔬合作社葡萄质量快速检测等广泛应用。 一个个智
慧农业示范基地、一个个农业科技典型企业，一个个
科技兴农成果呈现在泉州大地上，成为乡村振兴的一
道道亮丽风景线。

泉州农业科技示范园区一角

泉州市农科所：潜心育种守护农业"芯片"

种业是国家战略性、基础性核心产业，选育良种是农产品质量和产量的根本保障。多年来，泉州市农科所围绕粮食和重要农产品稳产保供需要，以"优质、高产、抗逆、广适、高效"为目标，持续开展农作物种质资源保护、挖掘利用研究，潜心守护农业生产的"芯片"。先后选育出135个农作物新品种在生产上大面积推广应用，2个品种获植物新品种权，获授权专利66件（其中发明专利4件），育成的多个常规稻、花生、大豆、甘薯新品种成为泉州乃至福建省主栽品种之一。科技成果共获奖励111项次，其中，获国家科技进步二等奖1项，农牧渔业部技术改进一等奖1项，福建省科技进步二等奖5项；获全国科学大会、全国科技特派员工作先进集体等荣誉称号。

泉州市农科所主要承担全市农业科技攻关，科技成果转化应用及科技兴农；开展农作物良种选育、应用技术研究；农业新技术、新成果引进、开发和推广应用；承建国家、省级农业科技园区及福建省对台合作引种创新基地；发挥多平台叠加效应，依托台湾农业技术交流推广中心牵头组建泉台果蔬产业技术创新战略联盟，有力推动两岸农业交流与合作；提供农业科技信息咨询，为领导决策服务。

多年来，农科所坚持聚焦区域现代农业产业发展重大需求，以突破产业链关键技术难题为核心，以加快科研成果转化为抓手，勇当科技兴农主力军，在农业科技创新、平台建设与"三农"服务上屡创佳绩，为区域农业产业高质量发展贡献科技力量。

铁观音集团：首个国家茶叶质量安全工程技术研究中心

国家工程技术研究中心是国家科技发展计划重要组成部分，是国家最高层次科技创新平台之一，代表着国家在某一领域的最高水平。目前，我国涉茶的国家级工程技术研究中心共有 3 家，铁观音集团是全国茶行业唯一的茶叶质量安全工程技术研究中心的依托单位。作为国家首批农业产业化重点龙头企业，安溪铁观音集团是一家集乌龙茶种植、加工、生产、销售、科研及茶文化传播为一体的现代企业，其前身为创建于 1952 年的国营福建省安溪茶厂。中心专用研发场所超过 3200 平方米，包括实验室、检测室、研发室、中试车间等场所。同时建立了茶叶深加工标准化生产流水线，用于茶多酚提取、速溶茶加工、深加工质量安全管控。 中心成立了专业第三方检验检测公司"福建安农茶叶检验检测有限公司",并获得检验检测机构资质认定(CMA 认证)和中国合格评定国家认可委员会实验室认可(CNAS 认可),具备年抽样监测样品超 5000 个的能力。

近年来,中心先后承担了 2 项国家级科研项目,9 项省、市级科研项目,横向委托研究开发项目 5 项;申请国家专利 41 项,其中获授权 37 项,累计发表学术论文 50 余篇;参与制修定国家标准 3 项、地方标准 5 项、行业标准 2 项、企业标准 3 项;相关成果获各级各部门奖励 4 项;推广科技成果 8 项,推广与应用新技术、新产品 36 项,并将相关科技成果推广应用到我国茶叶主产区。 通过一系列茶叶质量安全管控技术的推广与应用,带动茶产业及整个行业向科技型、生态型、环保型、可持续型方向发展。

绿源合作社:全国柑橘黄龙病防控技术示范基地

这是永春绿源柑橘专业合作社近年来的成绩单——

2017 年,作为全国黄龙病绿色防控与栽培新模式研发与示范推进工作会的现场观摩点。

2019年，中央电视台七套《农广天地》栏目，播出宣传绿源合作社核心技术的科教片——《预防柑橘黄龙病的技术套餐来了》，向全国各柑橘主产区系统推广。

2020年，入选"中国农技协科技小院"。

2022年，被认定为"中国农技协科普教育基地"。

曾几何时，永春县芦柑产区黄龙病在全县蔓延，呈现传播速度快、危害范围广的态势，让昔日的"中国芦柑之乡"永春蒙受重大损失，严重影响当地柑橘产业可持续发展。绿源合作社派驻科技特派员、高级农艺师张生才带领科研技术人员全身心投入黄龙病疫区芦柑栽培新模式技术研发和防控对策研究，率先实施"防护林生态隔离、无毒大苗定植、及时动态更新病树、全园快速灭杀木虱、矮密早丰栽培"等五项柑橘黄龙病防控举措，编制发布福建省地方标准《黄龙病发生区芦柑栽培技术规程》，获得发明专利1项，实用新型专利4项，形成了黄龙病疫区（山地）柑橘种植新技术——永春模式，使柑橘黄龙病得到有效控制。合作社基地成为全国柑橘黄龙病绿色综合防控新模式栽培技术示范基地，全省首家生态标准柑园示范基地。通过合作社推广的芦柑黄龙病综合防控关键技术，辐射到广东、海南、浙江、江西等省份，推广应用永春模式技术种植管理柑橘果园81万亩，合作社基地被中国优质农产品开发服务协会评定为"最具培育潜力的优质果品基地"，农业农村部、财政部将其列为"现代农业产业技术示范基地"，还荣膺"福建省科技特派员示范基地"称号。

泉美生物：名优花卉核心技术集成示范与推广

泉美生物科技有限公司长期专注名优花卉核心技术集成示范与推广，自主选育了"阳光之梦""阳光之恋""阳光之星""阳光明珠"等4个白鹤芋新品种，至今已获得各类知识产权48件，其中发明专利12件，实用新型专利28件，国家植物新品种权3件，省级林木良种5件。

公司重视科技创新，下设7个研发中心，已累计承担国家、省、市各类科技项目24项，获得第四届海峡绿色建筑与建筑节能博览会一等奖，2015年获得中国林业产业创新奖，公司产品多次在海峡两岸农业博览会上获奖。公司目前有海西创业英才1人，福建省引进高层次人才1人，泉州市高级人才4人；获得国家高新技术企业、龙头企业技术创新中心、省级院士专家工作站、星火行业技术开发中心、科技小巨人领军企业、药用植物种苗繁育企业工程技术研究中心、福建省林业科技示范园区等荣誉。

泉州市泉美生物科技有限公司是省级农业产业化重点龙头企业、省级林业产业化重点龙头企业，通过"名优花卉产业化核心技术集成示范与推广"项目的实施，推广名优花卉新品种 2000 多万株（盆），并成立花卉农民专业合作社 2 家、科技特派员示范基地 2 家，转化推广新技术 8 项，公司行业龙头企业的地位得到进一步巩固。

阿嫲家油：超临界流体萃取及分子蒸馏技术

茶油主要由油酸、亚油酸及少量饱和脂肪酸组成，由于油酸、亚油酸结构相当相似，加上其热不稳定性，分离纯化相当困难。

德化县祥山大果油茶有限公司与林科院、华南理工大学合作，把"超临界流体萃取""分子蒸馏"两项科技应用在茶油萃取上。超临界流体萃取（SFE）分离过程的原理是利用超临界流体的溶解能力与其密度的关系，即利用压力和温度对超临界流体溶解能力的影响而进行的。分子蒸馏技术是利用不同物质分子运动平均自由程的差别，茶油中各物质轻分子和重分子比重不同而实现物质的分离。

由于重视科技创新，近几年来，公司获得国家高新技术企业、国家级林业重点龙头企业、省级农业产业化重点龙头企业等荣誉，已通过基地和产品两项有机食品认证，先后获得"国家级星创天地""福建省科技小巨人领军企业""第二十四届全国发明展览会发明创业奖·项目奖金奖"等几十项荣誉。"阿嫲家油"食用油品牌在 2017 年的金砖国家领导人厦门会晤中被指定为专用山茶油，被誉为"国内高端食用油新势力"；"娜萃诗"茶油系列护肤产品已出口东南亚国家。

公司建有全国领先的油茶精制生产线，不断优化生产结构及提升智能制造水平，全力打造无菌净化车间、数字化车间，提升自动化装备，自动化罐装等，保障生产质量安全。 创新性引入二氧化碳超临界萃取设备、四级分子蒸馏设备、双螺旋低温压榨设备，不仅改变了山茶油高温压榨、化学精炼等传统生产方式，而且大大减少劳动力用工压力，缩短产品研制周期，提高生产效率，填补了国内茶籽油产品的开发应用空白。

科技日新月异，智慧打造生活。随着互联网、大数据、人工智能和新一代信息技术的广泛应用，一系列智能生活设施的出现，不断丰富数字化生活场景和体验，让人们的生活变得更加智能、便利和美好。本篇主要撷取泉州市科技创新成果在抗疫一线、冬奥赛事等的运用实例，选取科技服务市民生活的部分应用场景，并重点介绍泉州各类科技场馆设施等，以点带面、串点成线，突出反映科技对社会生活层面的影响，力求做到通俗易懂、生动有趣。

第三篇 科技服务生活

抗疫创新产品加快研发

　　智慧防疫系列产品研发成功。　泉州哈工大工程技术研究院联合福建新诺机器人自动化有限公司，成功研发消毒系列机器人，其中"泉智 1 号防疫消毒机器人"充电一次可以连续工作 6 小时左右，具备自动喊话、自动消杀、实时测温、环境监控、自主导航等功能，消杀测温样样精通，能够有效减少人员的投入，降低交叉感染的风险。　由泉州湖南大学研究院自主研发的"新型防护服"是一款新型正压调温防护服，具备质量轻、体积小、风量大、制冷效率高等诸多优点，获得 2021 年中国创新方法大赛福建赛区决赛二等奖。　该院还针对各地区健康码程序功能不全、疫情防控信息发布不集中、防控人员重复流调工作等一系列问题，研发了一款功能齐全、信息清晰、查询方便的疫情防控"流调小程序"。　该小程序具备同步社区报备、出行风险预测、跨地区轨迹查询、个人健康管理等多种功能。

　　新型冠状病毒快速检测试剂研制成功。　华侨大学医学院成功研制新型冠状病毒现场快速检测试剂和快速可视化检测技术，采用微流控的方法做核酸提取扩增集成，最终通过试条形式显示结果，不依赖仪器设备，整个过程只需 30 分钟，适用于大型医院收治病人的现场快速筛查、疾控中心快速筛查及普通民众在社区医院或家里的初步排查，为快速检测提供更多途径。

口罩新型核心过滤材料。 泉州师范学院利用自身专业优势，开展技术攻关，其科研团队成功研发口罩的新型核心过滤材料——静电纺丝纳米纤维膜，可以生产纳米级别纤维膜，整块材料孔径小，孔隙率高，对病毒颗粒的拦截效率高达 99％以上。 与普通医用防护口罩用的滤材相比，其优势在于过滤粒径和过滤效果。

抗疫创新成果迅速应用

"泉通行"小程序显威力。 疫情防控期间，为及时有效保障各项物资运转，福建移动公司开发了"泉通行"小程序，在泉州市率先启用。 企业通过扫描"泉通行"二维码申请车辆通行证，保障医疗物资、民生物资、重要生产物资等重要应急运输。 同时，为推动各行各业有序复工复产，"泉通行"小程序也进行了迭代升级，增设了"企业复工复产""员工健康管理""企业纾困专区""我有诉求"4 个功能板块，并在全市范围内正式启用。 企业只需要批量提交员工个人信息，系统即可自动查询核酸检测结果、健康码等情况，并进行审核，最快 2 小时审核通过。"企业纾困专区""我有诉求"互动专栏旨在促进政企互动。 根据企业规模、类型和属地原则，相关部门将通过"企业纾困专区"，及时、精准地将政策推送给企业，及时帮助企业解决复工复产的困难和问题。

全国首个"智慧医院"进出管理系统。 该系统于 2020 年 5 月在安溪县医院正式投入使用。 2020 年 7 月，该医院收到了由国家版权局颁发的计算机软件著作权登记证书，该院自主设计研发的"智慧医院"进出管理系统获得国家专利认证。 这是全国首个融合人脸识别、体温监测及口罩识别等多项技术为一体的医院智能化进出管理系统，能将身份识别、人脸识别、体温监测、健康码核验、病房陪护管理等融合在一起，做到对出入院人员实时智能化、网格化、信息可追溯的精准管控。 通过智慧刷脸系统，可以方便地为患者、陪护及探视人员采集人脸信息、授予对应权限，实现有序、高效、便捷的病区智能化监管，让医护人员省了不少心。

医疗污水处理工艺推广应用。 福建蓝深环保技术股份有限公司自主研发"一体化污水处理设备""生态槽"系列污水处理设备，配置针对新冠病毒污染的医疗污水处理工艺模块，通过"蓝深大脑"智慧管理平台，对水质、水量、设备实现 APP 监视、短信故障报警、手机监控等，适用于防疫时期对污水处理水质要求高、工期短的治理要求，守护好抗击疫情的最后一道防线。 同时，在城市智慧防疫中实现远程自动化控制设备，保障污水处理运营安全。 自疫情暴发以来，先后应用于北峰健康快捷驿站、"火围山"方舱医院、市快捷健康驿站等污水处理项目。

新型面料迅速得到推广。 向兴公司推出持久抗菌系列产品，将光触媒纳米粉体纺丝加入纤维中，织成的面料在户外可见光的作用下，产生催化降解功能，能有效杀灭多种细菌。 该产品经过国家纺织制品质量监督检验中心等机构检测认证，不少服装品牌不约而同选择采用这类面料进行产品推广。 瀚森集团研发的 20 多款新型防护服面料面市，相比传统防护服面料，新型防护服面料更具弹力，并被多家品牌企业所采用。 冠泓公司生产的无纺布产品，原来主要供应给纸尿裤等卫生用品企业。 新冠肺炎疫情发生后，公司调整产能，全力投入生产，为口罩生产企业供应原材料，受到市场好评。

抗疫高新企业迅速转产

首家转型攻关防护服的企业。柒牌是福建省首家"转产"并获得无菌型医用防护服生产资质的服装企业。作为率先"出圈"转产的企业，柒牌凭借在制造领域的深厚功底，快速实现从传统男装到跨界生产防护服的转型。

口罩成为常态化产品。新冠肺炎疫情发生后，经福建省药品监督管理局审批，恒安集团正式获批五年期医疗器械生产许可证（二类14-13手术室感染控制用品），成为福建省内疫情转产后首家拿到医疗器械生产许可证口罩类的生产企业。转产后，恒安集团专门开辟10万级专业无尘车间用于生产防疫物资，新引进的口罩生产线全力开动，正式出产医用口罩产品，凭借长期在卫生用品领域的生产经验，保质保量完成口罩生产。这也意味着口罩将成为恒安集团今后常态化生产的产品，扩充恒安在卫生用品类别中的板块。截至2020年5月，恒安集团拥有约20条口罩生产线，每日产能200万个。此前恒安集团联合晋江兴德织造有限公司启动了防护服生产，日均产能可达 1000 件。

　　成功研发口罩生产设备。从无到有，仅仅 19 天，由海纳机械打造的晋江首台全自动医用口罩机正式交付使用。这是该公司独立自主研发的全自动口罩生产设备，生产 N95 口罩的生产设备也已调试成功，专门针对儿童而研发的口罩生产设备和另一款每分钟生产 400 片的新型口罩设备均已推出。

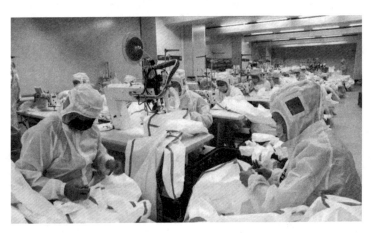

柒牌自主研发生产医用无菌防护服

冬奥会冠军龙服首亮相

2022 年北京冬奥会短道速滑项目，中国队以 0.016 秒优势夺得首金，其成功的背后有"泉州智造"——安踏设计制造的比赛服送出的"神助攻"，一款被称为"冰上鲨鱼皮"的比赛服，阻力减少 5％～10％。

由中国体育品牌领导者——安踏设计打造、象征中国体育最高荣耀的北京冬奥会冠军龙服惊艳亮相。同时，安踏也是冬奥会项目竞赛装备的供应商，包括短道速滑、速滑、钢铁雪车、冰壶等项目。安踏为北京 2022 年冬奥会 15 个大项的 12 支中国国家队打造了比赛器材，是支持中国国家队比赛器材最多的体育品牌。

作为北京 2022 年冬奥会的官方体育服装合作伙伴，安踏全面助力此届冬奥会赛时制服装备，领奖服吸纳了大量中式元素，包括盘扣、肩章，组合起来是一个中国的中字，整个配色，包括国旗色都在装备里体现得非常充分。

2022 年北京冬奥会中国体育代表团领奖服

安踏集合了全中国乃至全球的一些非常优秀的研发力量，全力打造 12 支国家代表队的比赛运动装备，让中国体育科技、运动科技能够在世界上闪耀。据了解，为帮助所有参与者御寒保暖，本次安踏在冬奥赛时制服上运用了两大自主研发的面料科技——炽热科技和防水透湿科技。

炽热科技采用炽热棉、超级羽绒、石墨烯先进的技术和材料，能够起到快速升温、高效蓄热、超强保暖的作用。比如炽热棉比一般材料增添 20％热量，超级羽绒比一般的羽绒大 30％，提供了超强保暖的功效。同时公司也有如抗菌、保湿在内的其他技术，能够在不同品类的服装上在冬天给大家提供更多防护和保暖功效。

在安踏助力中国体育健儿取得佳绩之时，同时获得了许多产品黑科技的"传播素材"，比如钢架雪车鞋提速、高弹减阻面料、冬奥制服同款炽热科技等，在各个媒介如抖音、公众号、微博、门户网站上传播，收获更多粉丝。在线下，安踏推出快闪店、冠军店、982创动空间等，推出形式多样的冬奥冰雪互动活动。在公益方面，安踏推出"茁壮成长计划"，一群身穿安踏滑雪服的儿童的笑脸，给人以深刻印象。

冬奥会运动器材国产化

作为官方健身器材供应商，舒华体育此次为张家口、北京和延庆三个冬奥村（冬残奥村）健身中心提供了上千款健身器材产品，给予全球参赛选手赛前备战训练和赛后恢复训练等服务。随着冬奥会的正式开幕，舒华体育作为首个入驻冬奥村、加入奥运盛会赞助商行列的中国健身器材品牌，迎来了世界顶尖运动员们的检验，让世界看到中国品牌的力量，看到中国产品的专业度，看见中国体育科技的力量。

为实现"科技冬奥"的目标，科技部专门设立国家重点研发项目"科技冬奥"重点专项，其中80个项目包含办赛、训练、器材、安全等与冬奥相关的各个领域。泉州华侨大学制造工程研究院团队负责舒华体育健身器材产品的科研技术攻关，作为参与单位，获批研发"基于雪上运动项目人—板—环境特征的高性能雪板研发与示范应用"项目，于2020年10月启动项目研发。

在历经多轮研发、验证、修改后，这款雪板产品正式投入应用于残疾人国家滑雪队、国家跨界跨项滑雪队，以及吉林省滑雪队的 U 型场地、大跳台项目训练，其性能达到国外雪板的平均水平，而售价只有国外相同性能雪板的五分之一，得到国内教练员、运动员的好评。此款雪板产品助力我国冬季奥运项目运动员的运动表现，助推冰雪产品国产化步伐。

冬奥会休闲食品赞助商

坚果、面包、饼干、方便面、卤蛋……盼盼食品在此次北京冬奥会期间，用 32 个品种美味食品全力保障冬奥会休闲食品供应，不仅是国内的运动员吃得开心，外国运动员同样乐坏了。

盼盼食品是北京 2022 年冬奥会和冬残奥会官方包装零食赞助商，开创了中国乃至亚洲包装休闲食品企业赞助冬奥会的先河。

一包食品要到消费者的手中，得经得住多方考验才行。除了盼盼食品自主 CNAS 认可的实验室会进行检测，还要通过第三方检测机构的认可，这些检测合格后再由专车配送。盼盼食品的工厂落实了供奥产品的供应能力保障、安全维稳管控、疫情防护措施等方面自查与自纠，并派专门管理小组协助工厂严格落实"六专要求"。

研发新食品并非易事，配方调整研发、安全测试、样品确认，一系列流程下来历时近一年。方便面选择采用了冻干技术成品的方便面，最大限度地考虑营养的原汁原味不流失和方便等特性。燕麦棒中则加入了果干、坚果、鸡蛋等，使营养均衡且方便快捷补充体能。盼盼食品还通过举行烘焙创意大赛，将创意投射到食品之中，用食品来演绎冬奥精彩瞬间。考虑到中国南北方的差异，"北冰南展"则是通过冰雪展会的方式，把冰雪文化带到了南方，带到了许多没深度体验过冰雪的人群中。盼盼食品还与学院合作，进行了全国线上线下巡讲，为大学生们带去更多冬奥科普知识。

这次在国际舞台上"亮出"自己的颜值和实力，盼盼食品开创了中国休闲食品赞助冬奥会的先河。这不仅仅是冬奥赛场对盼盼品质的见证，也是全民冰雪运动对盼盼食品品质的认可。盼盼食品让企业发展与国际盛事巧妙接轨，让品质初心与时代潮流同频共振，让奥运精神与健康生活相辅相成。

冬奥会德化陶瓷吉祥物

北京冬奥会陶瓷版"冰墩墩"和冬残奥会吉祥物"雪容融"的陶瓷版均产自"中国陶瓷之乡"——福建泉州德化县。

为了让可爱的"冰墩墩"能够完美地展示出可爱可亲、生机勃勃的中国形象，德化陶瓷匠人将冬奥元素、体育精神融入陶瓷，把传承了千年的德化瓷烧制技艺与现代科技相结合，助力北京冬奥会。

设计：几易其稿。如何用代表"中国元素"的陶瓷生产出"冰墩墩""雪容融"？德化陶瓷匠人攻克了模具的结构设计、开模、试模、调试、生产、原材料的材质等方面的一道道技术难关。自 2019 年吉祥物样稿一确定，德化便组织技术人员根据样稿进行设计，光打样就来来回回数十次，确保质量和外观能符合原稿设计。经过长达几个月时间的反复沟通和试验，样品才通过了北京奥组委审核，得以进入规范生产。

择土：科学配比。为了向世界展示最为完美的陶瓷版"冰墩墩""雪容融"，在选择胚体瓷土时，德化陶瓷匠人可谓费尽心思，将德化优质高岭土、德化低温石、白云石和石英等作为原材料，按照最佳比例进行搭配。其中，德化低温石含有较高的氧化钾以及微量的稀土元素化合物氧化铈和氧化钇，是配制低温瓷土的重要原材料。稀土有着神奇的功能，只要万分之几的含量就能在陶瓷瓷土上产生效果。有了瓷土的保证，也让陶瓷"冰墩墩""雪容融"每一件都是精品。

成型：注浆技术。为了确保质量和工艺，此次陶瓷版"冰墩墩""雪容融"采用纯手工制作，特别是在成型过程当中，运用了"注浆成型法"技术，9道工序各具技术和特点，每一道工序都体现了技术人员的技艺和匠心。

烧制：绿色环保。在烧制成型阶段，"冰墩墩"的头和脚容易出现断裂和开裂，经过实验，采用了一种低温瓷及其制备方法，将"冰墩墩"的烧成温度控制在1080℃，极大提高了成品率。"冰墩墩"在烧制过程中，还采用了全自动控温节能隧道窑，与传统窑炉相比，在科技含量上显然更进一层。不仅制品质感强、色泽通透，而且生产综合能耗下降15％以上。

上色：传承创新。为了体现"冰墩墩"的完整样式，特别是那身独一无二的透明款宇航服，匠人们还需要帮"冰墩墩"上色。"冰墩墩"采用的是后上色的技法，最为关键的技术点就是要保证"冰墩墩"的体表温度在 15℃左右，这样贴花之后才能更加牢固。 陶瓷版的"冰墩墩""雪容融"细腻光滑、色彩明丽。

冬奥会焰火点亮全世界

　　作为冬奥会开闭幕式视觉艺术总监、烟火总设计师，泉州焰火表演艺术家蔡国强在开幕式上，在鸟巢上空打出一棵盛大的焰火"迎客松"，表达了中国人好客和热情欢迎参加奥运盛会的各国宾朋，展现更加自信的中国，再次惊艳世界。

北京冬奥会"迎客松"照亮璀璨星空

　　此次冬奥会焰火表演共分为三段，分别为"春来了"、"迎客松"和"漫天飘雪"，每次焰火表演为40秒，加起来两分钟。北京冬奥会焰火表演是继2008年北京夏季奥运会的焰火表演"大脚印"后，又一次点亮全球。

　　这次的焰火表演有三个创新点：一是把从来没做过的中英文同框进行特效造型；二是"迎客松"的开发设计，焰火是从中间向外炸形成圆形、松针向上，所以要研究出焰火弹在飞天过程中打开的效果、松针能向上长出去的方法，最后完美呈现；三是此次焰火追求的是"北国风光，漫天飘雪"，除了立春和五环，基本使用单色，跟冬奥主题很贴切，也更简约大气。

　　让烟火艺术与科技达到了完美的结合，让泉州科技元素大放异彩，这也是泉州籍焰火表演艺术家蔡国强对世界作出的又一巨大贡献。

"VR＋文旅" 成热点

科技感满满！泉州这个 VR 展馆厉害了！

VR 骑行古城、体验非遗技艺制作，甚至还能穿越时空，漫步老中山路，重温旧时光……来到泉州市鲤城区的"古城漫游之鲤城记忆"数字文化 VR 展馆，参观者可体验科技感满满的"古城半日游"。

古城漫游三维互动展示屏

　　"古城漫游之鲤城记忆"数字文化 VR 展馆设有 VR 体验室、VR 观景台、非遗展示区、宗教文化 3D 展示区、AI 景区互动、VR 漫游中山路等展区，利用 VR 实景漫游、VR 互动操作、三维互动展示、全息投影等方式，带领参观者开启全新的古城游览模式。

　　在宗教文化 3D 展示区，参观者往往会被一台三维互动展示屏吸引，只要轻点地图上的开元寺，清晰的开元寺实景 3D 模型就呈现在屏幕上，手指轻轻滑动屏幕，还能对场景进行 360° 转动、缩放，从各个角度观赏东西塔，每个建筑细节均真实还原，就连东西塔上的浮雕也清晰可见。

　　在 VR 漫游中山路展区，参观者戴上 VR 眼镜，一下子"穿越"到中山路，步行观赏过程中，骑楼两侧风景不断变化，古今时空交叠，中山路风光迥异。参观者在漫步中山路的过程中，可以快速"穿越"到不同历史时期，直观感受到中山路的历史变迁。 参观者还可以选择 VR 骑行模式，一路从中山路骑行至西街和天后宫。

　　除了游览古城风光，该展馆还利用 VR 技术设置非遗技艺体验项目。 在非遗文化展区，参观者戴上 VR 眼镜，就能跟随画面和语音指引，体验漆线雕的制作过程，备料、拌料、捶打……每一个步骤都有详细的介绍和演示，虚拟体验趣味感十足，让人在动手过程中更深入了解非遗制作技艺。

　　此外，在泉州市的智慧体育公园项目，智能体质检测仪、智能健身驿站、智能跑道、智能健身路径等多个智慧设施吸引了不少市民前来体验。据悉，智能体质检测仪能对测试者进行体质检测，并采集数据形成运动建议；智能健身驿站采用太阳能供能，不仅配置室外健身器材，同时具备手机充电、音乐播放、照明等功能；智能跑道装有人脸识别系统，能记录使用者的运动数据，为全民健身提供大数据沉淀及分析；智能健身路径则具有数据统计和处理功能，能引导群众科学健身。

"网红"小黄人自述

我没想到，来到古城泉州不久，会这么受市民的追捧，把我夸得像天仙一样，让我好害羞哦！人家可是黄花小闺女呢。

人们说我是美丽小精灵。亮黄色的外观很吸引人眼球，无论是帅哥、美女或是大叔、大妈，只要带着我上街，就会引来很多人的注目礼。不知多少年了，我的大兄弟小轿车、摩托车有身份、有地位，走在大街上让人羡慕嫉妒恨，而我们却让人遗忘在屋檐墙角，让灰尘去抚摸，让蜘蛛去结网。三十年河东，三十年河西，如今我也风光了。你看，我以全新的形象出现在大家的视线中，自带全景天窗，扭头式人工倒车雷达，无噪声、无排污，既节能又环保，无论是操控性还是驾驶乐趣，也可以独领风骚了！

人们说我是随叫随到的微笑天使。只要你用卡轻轻一刷，用微信轻轻一扫，我就蹦蹦跳跳、快快乐乐跟你走了，你爱去哪儿就去哪儿，上班也好、购物也罢，只要把我送到"桩"家，你不要担心忘记上锁，被偷被盗。你要锻炼身体，把我踩得脚下生风，随你爬坡过坎，我不叫苦、不说累，不用加油、不用打气，还会让你高兴地叫起来："我很酷!"特别是，情侣约会时，我会陪你们到密林深处、到山巅海角，我会静静地等候在你们身旁，悄悄为你们脸红心跳，也无声为你们祝福加油。加上一条，我虽然是黄花小闺女，但绝不会吃醋，绝不会泄露秘密，嘿嘿!

还有人说我很适合泉州。是的，老城区小巷深深、道路狭窄、盘根错节，以前开小车很不方便，没地方停，经常被贴单，小巷子又进不去，而步行没办法走太远，错过很多领略古城的好机会。现在好了，带着我可以轻轻松松游古城、尝美食，体验古城深厚的文化积淀。用赵本山老师的话说，简直是帅呆了。

你可以早早来到钟楼下，在西街美美地吃一碗面线糊，外加一根油条，穿过古色古香的留从效故居，领略东西塔的风采，沿着台魁巷、炉下埕来到三十二间巷，畅游棋盘园，到关帝庙近圣，清净寺朝拜……多惬意啊!

有人说我很时尚。搭上"互联网＋"的快车，我可是很快就出名了，电视报刊、网络平台到处有我的身影，外表呆萌的微笑标志，可是集时尚文化、健康文化、气质文化于一身哦。我还有好多好多"粉丝"，经常为我点赞，说我温暖了一座城，还给了很高的评价，说我是走街串巷游览历史文化古名城的快乐好伙伴，是海上丝绸之路、东亚文化之都一道最美丽的风景线。

他们说，如果要评选 2016 年泉州"网红"，我是当之无愧。

城市"网格化＋科技"

　　将城市划分为一块块"责任田"，让每块地里的东西都有人管。这就是网格化管理的意义。

　　泉州市城乡社区网格化服务管理市级总平台和县、乡、村三级分平台已逐步建立完善，并对接、应用了流动人口、法院司法送达、环保、食药监、消防等业务模块，初步建成全市综治"E治理"新格局。而在泉州市综治委的信息平台指挥中心，则能看到全市任何一个地方的地理、房屋、人口等信息。

　　丰泽："食药监管大网"。丰泽区已在全区编织了一张"食药监管大网"，着力构建区、街道、社区三级食品药品网格化监管体系，将各个街道社区分成200多个单位小网格。每个片区指定1名专职行政监管人员为片区负责人，每个网格配备2名专职协管员，每个小网格配备1名信息网格员。通过一张大网里的众多小网格，达到精细化、全方位管理。同时，通过第三方数据平台，运用"互联网＋大数据"技术，将美团、饿了么等网络餐饮服务平台的餐饮商家全部纳入监管范围，有效解决实际监管中遇到的一照多用、一址多店、证照假冒、无证经营、证照过期、超范围经营等多种问题。

德化："网格＋疫情防控"。在德化县浔中镇凤池社区的网格管理中心的视频监控台，只要轻轻点击鼠标，电脑屏幕上的"电子地图"就可清晰显示社区网格内房屋的位置、重点人群及各个重要路口的实时高清视频监控画面；移动鼠标，每栋房屋的居住人口数量、房屋结构便一目了然，还能查询房屋租赁等便民信息。德化县通过全县"网格＋疫情防控"，随时掌握辖区主要路口人员聚集和人口流动情况，增强防控工作的科学性、精准度。

新鲜的"水务大脑"

泉州"水务大脑"成功地将数字孪生、大数据、人工智能、物联网等数字技术不断融入原水、制水、供水、排水、污水、节水等传统水务产业。截至2022年8月，"水务大脑"累计汇聚业务数据百亿条，数字孪生模型建设超200个，有力地支撑泉州水务集团开展智能生产、精细管理、业务创新。

这是由泉州水务集团与埃睿迪信息技术（北京）有限公司共同构建的泉州"水务大脑"。历经两年实践，"水务大脑"将智能化技术平台和场景化水务应用的打造融为一体，成功实现全流程数字化覆盖、全周期智能化管理、全产业链资产高效运营，既保障供水生产、居民用水排水安全，也为智慧城市建设打好基础。

"水务大脑"在多个应用场景中实现设备维护保养费减少25%、巡检时间减少40%、设施基础信息准确度提升80%、报修处理及时率提升60%、应急调度决策时间缩短50%。制水供水单位能耗费下降

8％、分散式污水处理设施运行可靠性提升5％。

　　泉州通过"水务大脑"实现生态赋能，对外输出水务科技能力，为水务智慧化建设探索出一条新路径。

智能换电和智慧停车

在位于泉州市区南环路的汽车换电站，当网约车行驶到指定地点后，机械臂自动将电池取下，替换成满电电池。通过"车电分离、分箱换电"，车辆从开始"换电"到出站驶离，整个过程耗时不到 5 分钟。

所谓"车电分离、分箱换电"，是指在传统的电动汽车底盘换电的基础上，将电池 PACK（组合电池）制作成一个个标准化、可拆卸的动力电池箱。当车主需要"换电"时，只需要将车开到换电站，换下旧电箱，装上新电箱，即可完成一次电量的补充。新能源汽车换电模式不仅能及时满足车主的用电需求，还能有效避免新能源汽车使用快充带来的电池过充、过热等问题。

同时，泉州智慧停车项目"上线"运营。2021年，泉州各县（市、区）"上线"运营智慧停车项目，对停车资源进行全面整合，提升城区停车泊位的周转率和利用率，方便车主出行，有效缓解停车供需矛盾，改善中心城区停车和出行环境。

玩转泉州科技馆

　　泉州科技馆新馆坐落于泉州海丝新城核心区"四朵花瓣"处，是"国内知名、省内一流、泉州特色"的综合性大型科技馆，已经成为泉州市弘扬海丝文化的新地标，是传播科学知识的重要窗口和市民欣然前往的网红打卡地。

泉州科技馆全景

泉州科技馆有哪些好玩的地方？ 能够给大家带来哪些惊喜？ 让我们一起走进泉州科技馆看看。

展厅布局——六大主题 八大展区

泉州科技馆新馆建筑面积 30423 平方米，展厅建设布局以"海丝路·文都城·泉州星"故事链为主线，按照"海洋孕育生命、生命产生智慧、智慧培育科技、科技引领未来"的逻辑组织六大展览主题，共有 8 个常设展区，分别为动物世界展厅、防灾减灾展厅、海陆探秘展厅、海洋科技展厅（"海丝路"专题）、生命健康展厅（"文都城"专题）、智慧天地展厅、科技时代展厅、太空探索展厅（"泉州星"专题），形成一条连接时空的科技探索之路，让每个观众感受现代与未来科技的变幻。 馆内常设展品 389 件，创新性展项超过 50％，其中 22 件展品为国内首创。 同时配套建有青少年科技教育培训教室 6 个、特种影院 2 个、科普工作室 2 个、学术报告厅 1 个，以及观众餐厅、医务室、母婴室等。

B1 动物世界展厅：以"野外探秘"为线索，主要包括"研究员的世界""非洲草原大探索""热带雨林大探索""生态泉州大惊艳""亚洲动物博物馆"等主题。

B1 防灾减灾展厅：参观者从一座都市防灾监控中心出发，跟随都市抢救大队去体验防灾中心的运作，体验自然强大的力量，并通过宣传影片学习智慧防灾科技。 展厅主要包括"防灾中心救援小队""海洋研究所—海洋灾害防护""气象研究所—气象灾害防护""地震现场—地震灾害逃生""智慧防灾科技"等主题。

2F 海陆探秘展厅：以"海陆探秘"为故事主轴，设置"六大体验区"，主要包括"繁华刺桐港""启航郑和宝船""丛林大冒险""神奇钻石谷""鲸鱼岛历险""重返九州城"等主题。

3F 生命健康展厅：该展厅设置 3 个版块探讨生命的起源与演化，探索人体的结构和功能。 展厅主要包括"生命的孕育""人体的奥秘""健康的未来"等主题。

3F 海洋科技展厅：该展厅从介绍海洋探索的技术开始，引导参观者思考如何保护海洋与地球上的水域。 展厅主要包括"海洋监测和观测技术""港口与航海技术""海洋资源开发与利用""海洋生态环境保护"等主题。

4F 智慧天地展厅：在这里观众可以以科学家的视角去发现新世界。 展厅主要包括"声学""数学""光学""电磁学""力学""量子论""泉州古代科技"等主题。

5F 科技时代展厅：该展厅让参观者了解近年来科技的巨大进步，同时窥视未来人类的科技生活。主要包括"科技时代的基本技术""改变世界的创新发明""前沿科技的新颖应用"等主题。

5F 太空探索展厅：带领观众从地球表面到最原始的宇宙深处，从如何在地球上观察太空开始，到离开地球表面并飞入太空，如何在太空中生存，最后到探索宇宙深处，体验太空的奥秘。主要包括"观测太空""飞出地球""无线宇宙"等主题。

球幕影院：将球幕与座椅进行结合，脱离传统观影的模式，以第一人称视角融入影片之中，结合密集的灯光点阵和数字全息音响，全方位立体呈现超越裸眼 3D 的视觉效果。

4D 影院：不仅将震动、坠落、吹风、喷水、挠痒、扫腿等特技引入 4D 影院，还根据影片的情景精心设计出烟雾、雨、光电、气泡、气味等效果，形成一种独特的感官体验。

LED 屏：在整个大厅顶部呈现一个巨大的荧幕——3 条丝带屏幕，远远望去宏伟、大气，为整个序厅营造出活力与创造的氛围；同时，LED 屏上展示着中国古代劳动人民智慧的结晶，其中有南海一号、马车、风筝等海陆空三类科技成果。

探索之旅——动感科技 无限魅力

走进这条连接时空的科技探索之路，能够更好感受一把现代与未来科技的变幻。

生命健康展厅

我从哪里来？ 我如何运作？ 我要怎样保持活力？

在生命健康展厅，参观者可以找到这些问题的答案。 该展厅涵盖 60 个展项，探讨生命的起源与演化，探索人体的结构和功能，体验个体机能差异和健康生活。

你知道吗？ 人的一生中心脏大约要跳 25 亿至30 亿次，可以从心跳速度来推测身体状况是否正常。 在心跳击鼓体验区，握住感应手柄，展项内的鼓槌会随着你的心跳开始击鼓，发出鼓声。

海洋科技展厅

2020 年 11 月 10 日上午 8 时 12 分，我国自主研发的"奋斗者"号载人潜水器，在马里亚纳海沟，成功坐底深度 10909 米，再创我国载人深潜的新纪录。 走进 3 楼的"海洋科技"展厅中，中国研发的"奋斗

者"号万米载人潜水器模型十分引人注目。 参观者
可进入到模型中进行一番深潜操作，感受深海潜行的
紧张刺激。

你见过机械鱼吗？ 展厅的鱼缸里，一只金黄色
的机械鱼在水里游来游去。 这只外形像鱼的机器，
配有化学传感器的自主机器鱼，充好电后能够在水里
游数小时。

机械鱼在水中游

智慧天地展厅

智慧天地展厅设置了很多趣味满满的体验项目，
寓教于乐，参观者可以换上科学家的视角，用新的视
角去看世界，听世界，感受世界。

如果你对电磁方面的知识感兴趣，千万别错过 4
楼的"智慧天地"展厅。 在电磁科学秀中，参观者

站在法拉第笼里，当带有数万伏高压的放点杆尖端接近笼体时，就会出现放电火花，这时笼体内的人即使用手触摸笼壁、接近放电火花也不会触电，反而还会体验到电子风的奇妙感觉。

科技时代展厅

展示近年来科技的巨大进步，同时窥视未来的科技生活。

你能了解计算机、无人机的发展历史，与机器人猜拳、看机器人跳舞。排排站的舞蹈机器人，结构完全模仿真人，能双腿分立走路，双臂具有多自由度，可以完成高难度动作，跟着音乐翩翩起舞。

太空探索展厅

从地球表面到最原始的宇宙深处探秘，从在地球上观察太空开始，到离开地球表面并飞入太空后在太空中生存，最后探索宇宙深处，5 楼的太空探索展厅呈现了太空奥秘。

想知道火箭是如何发射的？在 5 楼的"太空探索"展区，工作人员点击按钮后，火箭发射模型便启动了"垂直组装与测试、垂直运输、加注燃料、发射前准备、点火倒计时、火箭升空"等发射流程，直观感受火箭发射的情景。此外，在 5 楼你还能体验"天宫号对接"的游戏。坐在座椅上，点击屏幕上的"开始游戏",手持操纵杆控制飞船方向,通过屏幕便能实时看到航天飞机和空间站的对接过程;随着飞船越来越接近空间站,操纵手中的控制杆,把目标靶区对准空间站对接处,经过调整,直至语音播报"对接成功"。

太空探索展厅

泉州元素——多姿多彩 全新亮相

利用 VR 俯瞰泉州

全景影像从泉州湾河口湿地省级自然保护区景区入口出发,游览石刻—雕塑—观景台—湖水—涂滩—河堤—洛阳桥—后渚大桥路线,尽赏泉州生态景观。

在动物展厅里，展项利用 VR 虚拟现实技术，透过鸟的眼睛，俯瞰泉州，去参访泉州湾、洛阳桥等泉州景观，带领大家了解泉州湾湿地文化底蕴，激发其对泉州生态文化的保护意识。

拼装模型了解水密隔舱技术

水密隔舱福船制造技艺是泉州地方的传统手工技艺，2008 年，经国务院批准，这项技艺列入第二批国家非物质文化遗产名录，是我们引以为傲的传统技艺。

在海洋科技展厅展台上有一艘船的水密舱拼装模型，船身分为不同的部分，大家可以自己动手拼搭模型，了解水密舱的结构。拼搭成功后，屏幕上会播放水密舱的介绍短片，让大家能够更加深入地了解水密舱的结构与功能。

沙盘模型营造茶席互动空间

泉州是一座乌龙茶香飘溢的"茶城"。早在 1000 多年前，安溪茶业就已问世。其中乌龙茶在宋元时期通过"海上丝绸之路"蜚声中外。安溪茶叶生产历史之久、产量之多、制作之巧堪称华夏一绝。安溪逐步形成了独特的茶文化。泉州不仅有闻名遐迩的"安溪铁观音"，也是驰名中外的"乌龙茶之乡"，并在 2010 年以"十大名茶之首"亮相上海世博会，因此泉州茶道对中国茶道的发展有着重要的历史文化参考价值。

在智慧天地展厅中的这件展品，以茶席互动空间，展示的是沙盘模型，配合投影播放，可以直观了解到茶叶的制作工艺和闽南茶道的发展，呈现的是地道且浓郁的泉州茶文化。此展区每季会有小型茶会，进行茶人的茶席展演，届时参观者有机会品茶香茶味，感受有民族韵味的茶文化。

触控屏幕观察瓷雕技法

德化以烧制白釉瓷器闻名于世，享有"中国瓷器之上品"美称。泉州作为"海上丝绸之路"的起点，德化瓷器一直是中国重要的对外贸易品，为制瓷技术的传播和中外文化交流作出贡献。

在智慧天地展厅中，大家可以透过触控屏幕，在透明屏幕上了解到刻花、划花、镂雕、贴花等技法，或者旋转展台观察各个角度瓷雕的结构，欣赏泉州古代劳动人民的卓越才能和和艺术创造力。

多媒体互动展示惠安影雕

影雕是惠安石雕的重要技艺，顾名思义，其雕刻形象逼真，犹如摄影。在仅 1.5 厘米厚、磨得锃亮的青石板上，用粗细不同的各种微型钢钎，靠着铅点的大小、深浅、粗细、疏密和虚实的有机结合，精心雕琢，相应成像。 它不仅能充分地表现出原作的真实意境，而且能通过石雕独特的艺术风格，使祖国的名山大川、英雄人物，尽现在这小小的青石画面上。惠安影雕以其雕琢画面细致入微，因此被誉为"中华一绝"。 该展品通过多媒体互动方式展示惠安影雕的精湛技艺，大家可以通过触控墙上对应触控点，墙上会浮现相应的影雕动画图案，同时通过影音介绍，了解惠安影雕精湛的制作工艺。

望远镜中的泉鸟探秘

泉州有鸟类品种众多，市区的沿海大通道、清源山、西湖公园等也是赏鸟的好去处。 林鸟主要集中在德化戴云山、永春牛姆林、惠安笔架山保护区等；水鸟则多在惠安洛阳桥、晋江深沪湾、围头湾等区域。

在动物展厅里，大家可以选择用望远镜观赏场景中鸟类模型，也可以选择用 VR 眼镜观看鸟类视频介绍，通过不同的方式了解泉州丰富的鸟类生态。

科技馆特色分馆

泉州印记闽南文化驿站

坐落于历史文化名城、世界遗产城市，地处西街与中山路交会处，利用清代四川总督苏廷玉故居进行保护性修缮，修旧如旧，占地近 2000 平方米，结合古城丰富的历史文化资源，建设沉浸式的非遗演艺剧场、手工非遗体验区、非遗文创产品展示区三大功能区域，引进德化陶瓷工艺坊、泉州花灯刻纸、木偶、金苍绣技艺、锡雕技艺等传统非遗文化项目入驻，定期举办非遗展览、非遗演出、非遗研学等活动，开发具有闽南非遗文化特色的旅游产品伴手礼，形成以"闽南记忆"为题，采用"静态展示＋互动展示＋沉浸式体验"为主的"印记闽南"非遗文化复合展馆。

福建省世茂海上丝绸之路博物馆

位于泉州石狮市石金路,毗邻世茂摩天城,博物馆建筑面积 30718 平方米,由拱辰楼(主楼)、春华楼(东楼)、秋荣楼(西楼)、东阙楼、西阙楼五楼构成。馆内设 6 个展厅,涵盖 2 个故宫专题展厅、世茂珍藏展厅、海上丝绸之路展厅、丝路山水地图数字展厅、特别展厅,常年举办各种类型的展览、教育和文化交流活动,提供开放服务,以打造传承中华文化的新地标、国际展示交流的新窗口、弘扬海上丝绸之路文明的新高地。此项目也得到了故宫博物院的大力支持,双方将共同致力于"丝路精神"和中华文明的继承与弘扬。

石狮市中纺学服装及配饰产业研究院

位于石狮市国际轻纺城,建筑面积 2500 平方米,是中国纺织工程学会在地方设立的一个集科研、科普和技术服务为一体的综合服务平台。泉州市科技馆石狮市中纺学服装及配饰产业研究院分馆充分发挥其平台、人才及资源方面优势,围绕纺织服饰主题，通过线上平台和线下展馆的方式，为广大群众开展科普活动。

南安市汉侯德化现代瓷博物馆

位于南安市，按照国家 2 级博物馆及 4A 级国家风景区标准建设，总建筑面积 23000 平方米。博物馆内设汉侯众创空间、福建当代陶瓷艺术研究院、南安市工业展示馆、汉侯艺术家驻地等机构。拥有自宋、元、明、清、民国至现当代中国工艺美术大师、中国陶瓷艺术大师的馆藏瓷器共 5500 多件。以瓷为史，穿越千年，全面、系统地展示了中国德化窑千年陶瓷发展历程，生动再现了被欧洲誉为"中国白"的德化瓷的璀璨魅力，演绎了古刺桐港宋元海外贸易盛况。

观音韵科普馆

位于安溪西坪镇铁观音"王说"发源地，毗邻铁观音发现者王仕让读书地——南轩书院，主体建筑以盖碗为原型。科普馆围绕铁观音文化，从铁观音起源、种植、加工工艺及其成品等内容来展示，具体分为铁观音茶园展区、铁观音生产设备展区、茶盘展区、观音韵展区；科普馆提供文化讲解、实物展示、现场制作等科普功能，旨在激发群众对铁观音的兴趣、推广铁观音制作技艺、文化，带动安溪铁观音文化向全国乃至全世界推广。

福建戴云山生态博物馆

通过主题分区，设立"三山解读、绿色血缘、植被群落、动物资源、水系结构、生态屏障、生态文明示范区、法制教育"等八大主题展厅，运用 4D 投影、电子沙盘、VR 互动、大型生态场景还原、幻影成像、艺术展墙、标本陈列等表现手段，综合展示了戴云山、德化县的生态资源景物、生态保护成就及德台绿色血缘关系，将"文化与积淀、教育与研究、展示与交流、文明与进步"功能融于展馆，深入挖掘、收集和展示了戴云山积淀深厚的生态文化及其建设成效。

科学家教育基地

　　永春县介福乡是林俊德将军的故乡。 为进一步弘扬林俊德将军的感人事迹和献身精神，弘扬科学家精神，近年来，永春县牢牢把握"林俊德将军故里"的独特优势，建设林俊德科学家精神教育基地。 该基地被认定为首批国家级科学家精神教育基地。

林俊德科学家精神教育基地

林俊德是永春走出去的首位工程院院士，我国爆炸力学与核试验工程领域著名专家，原总装备部某基地研究员，"两弹一星"伟业的重要开拓者。 2013年1月被追授为"献身国防科技事业杰出科学家"荣誉称号，2013年2月获评"感动中国2012年度人物"，2018年9月被中央军委授予"全军挂像英模"称号。

该基地以将军故事馆项目为核心，建有林俊德将军事迹馆、纪念广场、将军路等，打造集爱国主义教育、国防科技教育、廉政文化教育、思想品德教育为一体的教育基地平台。 林俊德事迹馆于2019年6月正式投入使用，总建筑面积350平方米，馆内收藏摆放将军铜像1尊、展品47件、照片100余张，各类文字材料20余万字，主要分为桃源学子、大漠铸盾、卓越功勋、情牵故里、最后冲锋、感动中国、时代英模七大部分，充分展示时代英模传奇一生。

泉州历史上出现了一批较有影响的科技人物。本篇选取的古代科技人物中，他们或者直接从事科学技术创造发明活动，或者组织参与科技书籍的编撰工作，或者在某一领域的工艺实践中作出突出贡献，均对后世影响较大。在近当代科技人物中，共有25位泉州籍院士，本篇重点介绍在某一学科领域具有开创性贡献，受到党和国家领导人接见和表扬，对今天科研工作仍具有重要影响，其事迹得到广泛宣传、广为人知的部分院士。限于篇幅，其他院士简介放在附录部分。

第四篇　古今科技人物

曾公亮：北宋著名军事军火家

　　曾公亮（999—1078），福建泉州人，北宋著名政治家、军事家、军火家、思想家，仁宗天圣二年（1024年）进士，历仕仁宗、英宗、神宗三朝，历官知县、知州，知府、知制诰、翰林学士、端明殿学士、参知政事、枢密使和同中书门下平章事等。 他知文通武，组织编纂了我国古代军事学及军事思想的一部重要著作——《武经总要》。

曾公亮塑像

　　《武经总要》是我国第一部官修综合性兵书，举凡"军旅之政，讨伐之事，经籍所载，史册所记……至若本朝戡乱，边防御侮，计谋方略"等内容，无不涉及。全书共分前、后两集，每集20卷，包括军事理论与军事技术两大部分。前集的20卷详细反映了宋代军事制度，包括选将用兵、教育训练、部队编成、行军宿营、古今阵法、通信侦察、城池攻防、火攻水战、武器装备等，特别是在营阵、兵器、器械部分，每件都配有详细的插图，这些精致的图像使得当时各种兵器装备具体形象地呈现在我们面前，是研究中国古代兵器史的极宝贵资料。后集的20卷辑录历代用兵故事，保存了不少古代战例资料，分析品评了历代战役战例和用兵得失，具有较高的学术价值。

　　《武经总要》第一次完整地记载了火药的配方及制作过程，比欧洲人首提火药，早了近三百年。书中记载了我国最早的火球、毒药烟球、蒺藜火球三个完整的火药配方，用这三个火药配方制成的火药，虽然由于硝的含量较低而只具有燃烧的性能，但它们却是北宋初期所制燃烧性火药的代表，标志着我国火药发明阶段的结束和用于军事的开始。这在兵器发展史上具有开创意义，因而被世界火器史学家视为研究火药与火器发明史不可多得的珍贵资料。同时，书中还记载了我国最早用于战争的一批军用火器，即火球类火器与火药箭类火器，还附有制造与使用方法，标志着当时军事技术的发展，已达到了一个新的水平。

《武经总要》在"守城篇"中对筑城技术作了全面系统的研究，并吸收了当时的最新成就，对筑城地形的选择提出了严格的要求，认为地势稍高、易守难攻、用水充足、不易干旱的地方，是理想的筑城所在。书中要求在筑城时要参照《神机制敌太白阴经》中关于平陆筑城的规定，城墙高度、城基厚度、城顶厚度以 4：2：1 的比例修建，使所筑的城墙既节省工料，又坚固耐久。从所配图绘上看，宋朝所筑的城墙，内外壁已开始用城砖围砌，说明当时的筑城材料已有较大的改进，为后人的继续研究提供了珍贵的资料。书中还详细阐述了城垣各部分的建筑要求和规定，构建了一个以城门为中心、突出重点、点线结合、综合配套的坚固城防体系，以此提高城的防御能力。

《武经总要》还记载了航海所用指南针的前身——指南鱼的制造方法，这是我们研究指南针发明史的重要资料。该书卷十五载："用薄铁叶剪裁，长二寸、阔五分，首尾锐如鱼形，置炭火中烧之。候通赤，以铁钤钤鱼首出火，以尾正对子位，蘸水盆中，没尾数分则止，以密器收之。"指南鱼本是帮助士兵在夜间辨别方向的简单仪器，随着人工磁化技术的成熟，更为精细的指南针在 11 世纪时被用于航海。人工磁化方法的运用，是磁学和地磁学发展史上的一件大事，促进了航海指南针的发明和运用。

苏颂：北宋杰出天文药物学家

　　苏颂（1020—1101），字子容，福建泉州同安人（同安历史上长期属泉州管辖）。中国北宋中期官员，杰出的天文学家、天文机械制造家、药物学家。

　　苏颂出身闽南望族，于宋仁宗庆历二年（1042年）登进士第，授宿州观察推官。此后长期在馆阁供职，广涉古籍，留心医学。北宋嘉祐六年（1061年）后多次出知地方，治绩斐然，并两次出使辽朝、三任馆伴使。宋神宗时曾参与元丰改制。宋哲宗即位之初，历任刑部尚书、吏部尚书、尚书右丞，北宋元祐七年（1092年）拜相。他执政时量能授任，务使百官守法遵职，于哲宗亲政后以太子少师致仕。宋徽宗时进拜太子太保，封赵郡公。建中靖国元年（1101年），苏颂逝世，终年八十二岁，获赠司空，后追封魏国公，宋理宗时追谥"正简"。

　　苏颂博学多才，于经史九流、百家之说，及算法、地志、山经、本草、训诂、律吕等学无所不通。他领导制造了世界上最古老的天文钟"水运仪象台",开启近代钟表擒纵器的先河。 因其对科学技术,特别是医药学和天文学方面的突出贡献,故而被称为"中国古代和中世纪最伟大的博物学家和科学家之一",代表性科学著作有《本草图经》《新仪象法要》,文学作品有《苏魏公文集》等传世,今人辑有《苏颂全集》。

一、天文学方面的成就

(一)水运仪象台

北宋元祐元年(1086年),苏颂奉命检验当时太史局等使用的各架浑仪,于北宋元祐二年(1087年)请求"置局差官",组成了"详定制造水运浑仪所"。苏颂对研制工作是慎之又慎的。 他认为,有了书,做了模型还不一定可靠,还必须做实际的天文观测,如此才能进一步向前推进。 经过三年零四个月的工作,终于制成了有世界性贡献的水运仪象台。

水运仪象台是一座高 12 米,宽 7 米,像三层楼房一样的巨型天文仪器:"兼采诸家之说,备存仪象之器,共置一台中。 台有二隔,置浑仪于上,而浑象置于下,枢机轮轴隐于中,钟鼓时刻司辰运于轮上,……以水激轮,轮转而仪象皆动。"水运仪象台的上层是观测天体的浑仪，中层是演示天象的浑象，下层是使浑仪、浑象随天体运动而报时的机械装置。它兼有观测天体运行，演示天象变化，以及随天象推移而有木人自动敲钟、击鼓、摇铃准确报时的三种功用。

水运仪象台不仅在国内取得了前无古人的成就，而且在三个方面为人类作出了贡献，使许多中外科技史专家为之叹服。

第一，置于水运仪象台上层观测用的浑仪，通过"天运单环"与"枢轮"相连，使浑仪能随枢轮运转。这与现代天文台转仪钟控制天体望远镜随天体运动的原理是一样的。因此，可以说水运仪象台的这套装置是现代天文台跟踪机械——转仪钟的远祖。英国科技史家李约瑟对这一点给予高度评价："苏颂把时钟机械和观察用浑仪结合起来，在原理上已经完全成功，因此可以说他比罗伯特·胡克先行了六个世纪，比方和斐先行了七个半世纪。"

第二，水运仪象台顶部设有九块活动的屋板，雨雪时可以防止对仪器的侵蚀，观测时可以自由拆开。水运仪象台的活动屋顶是现代天文台圆顶的祖先。所以，苏颂与韩公廉又是世界上最早设计和使用天文台观测室自由启闭屋顶的人。

第三，水运仪象台的原动轮叫枢轮，是一个直径1丈1尺，由72根木辐，挟持着36个水斗和36个勾状铁拨子组成的水轮。枢轮顶部设有一组叫"天衡"天关""天权""左右天锁"的杠杆装置,枢轮靠铜壶滴漏的水推动。 天衡系统对枢轮杠杆的这种擒纵控制与现代钟表的关键机件——锚状擒纵机构,具有基本相同的作用。 所以说水运仪象台的天衡系统是现代钟表的先驱。

苏颂主持创制的水运仪象台是 11 世纪末中国杰出的天文仪器,也是世界上最古老的天文钟。 在欧洲直到 1685 年意大利天文学家卡西尼才利用时钟机械推动望远镜随天体旋转,但这已是苏颂身后 500 多年的事了。

此外,水运仪象台中反映天球旋转的齿轮系机械作为一种代表时间流逝的新装置,发展为世界上最早的水运钟表的擒纵机构,向全世界证明了钟表的发明权不是属于欧洲而是属于中国。

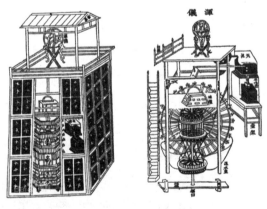

苏颂研制的水运仪象台

（二）机械图纸：《新仪象法要》

水运仪象台完成后，苏颂于绍圣初年（约 1094—1096 年间）把水运仪象台的总体和各部件绘图加以说明，著成《新仪象法要》一书。

苏颂在《新仪象法要》中绘制了有关天文仪器和机械传动的全图、分图、零件图 50 多幅，绘制机械零件 150 多种，其中多为透视图和示意图，这是我国也是世界上保存至今的最早最完整的机械图纸。要是没有这些珍贵的图纸，我们就难以弄清木阁内的机械木人是如何按时击鼓、摇铃和敲钟的。因此，《新仪象法要》中所附机械图是了解苏颂天文著作及其成就的关键，同时也是进而释读张衡、一行、张思训等同类著作的钥匙。也正是根据这些图纸，现代科技史家王振铎、李约瑟等人才能较准确地复原出水运仪象台的全貌。

（三）星图

苏颂为了能更直观地理解星宿的昏晓出没和中天，又提出设计一种人能进入浑天象内部来观察的仪器，即假天仪。它是用竹木制成，形如球状竹笼，外面糊纸。按天上星宿的位置，在纸上开孔。人进入球内观看，外面的光从孔中射入，呈现出大小不同的亮点，好像夜空中的星星一般。人悬坐球内扳动枢轴，使球体转动，就可以更形象地看到星宿的出没运行。 这架仪器是近代天文馆中星空演示的先驱。苏颂在《新仪象法要》中还绘有多种星图，计 14幅。 苏颂为了将星图绘制精确，采取了圆横结合的画法，这是星图绘制中的一项新成就。 苏颂星图是历史上流传下来的全天星图中保存在国内的最早星图。

（四）历法

苏颂精通历法，解释了宋、辽历法的不同。 这在中国历法史中有重要地位。 苏颂所作《历者天地之大纪赋》和《冬至紫蒙馆书事》等诗赋及《新仪象法要》中有历法内容。

二、药物学方面的成就

北宋嘉祐二年（1057 年），苏颂任校正医书官，参与编撰《嘉祐补注本草》，后来又领导《本草图经》的编写工作。 经过四年的艰苦努力，苏颂在北宋嘉祐六年（1061 年）完成了《本草图经》21 卷，是当时最新最全的药物志和药物图谱。 特别是在前代药图散佚殆尽的情况下诞生，《本草图经》在药物学上有重大价值。 它不仅对药性配方提供了依据，而且对历代本草的纠谬订讹作出了新贡献，特别是使过去无法辨认的药物可以确认无误。《本草图经》在生物学上也有较大贡献，它对动植物形态进行了准确生动的描述。《本草图经》在矿物学与冶金技术方面也有一定贡献，它记载了丹砂、空青、曾青等 105 种矿物药，书中关于冶金技术也有许多记载。

《本草图经》还是世界流传至今的第一部有图的本草书。明代医学家李时珍推崇它"考证详明，颇有发挥"。近代李约瑟对《本草图经》给予极高的评价："在欧洲把野外可能采集到的动植物加以如此精确地木刻并印刷出来，这是直到 15 世纪才出现的大事。"

综上所述，苏颂是中国古代和中世纪最伟大的博物学家和科学家之一。卢嘉锡为苏颂科技馆题词："探根源，究终始，治学求实求精；编本草，合象仪，公诚首创。远权宠，荐贤能，从政持平持稳；集人才，讲科技，功颂千秋。"可谓精辟全面。

俞大猷：明代杰出军事武术家

俞大猷（1503—1579），字志辅，号虚江，泉州晋江（今福建泉州市）人，明代抗倭名将，军事家、武术家、诗人。

俞大猷少怀壮志，好学，先后向王宣、林福、赵本学学习《易》学，学到推衍兵家奇正虚实的本领；又师从李良钦学习剑术。明嘉靖十四年（1535年），俞大猷举武进士后，曾任右都督等职。在日后抗倭活动中，他善于用兵，先筹谋设计而后战，不贪近功，治军有方，作战英勇，他所率领的部队号称"俞家军"。在安定边疆、抗御倭寇斗争中，他战功卓著，与戚继光齐名。

俞大猷不仅仅是良将而且精通军事科学，一生发明著述很多。明嘉靖三十四年（1555年），他根据在江浙内河抗击倭寇海贼的经验，提出内河兵船新设计并总结成书，即《论河船式》。后来，他又著《洗海近事》二卷，详细论述各型号船只用料种类、尺寸、数量、配件等。明嘉靖三十九年（1560年），他在山西大同设计制造用于拒敌骑兵的独轮兵车，并编成《大同镇兵车操法》。 此后，他以《易》的思想为指导，总结半生丰富的军事斗争经验，先后编著《剑经》、《续武经总要》、《正气堂集》16 卷、《正气堂余集》4 卷、《正气堂续集》7 卷。 明嘉靖四十年（1561年），俞大猷选河南少林寺武僧宗擎、普从随军南下，传授少林真诀回赠北少林棍法；明万历五年（1577 年）又赠《剑经》，对少林武术的发展与革新起了很大的作用。

清源山俞大猷练胆石

　　《剑经》是俞大猷在长期习武过程中总结、归纳而编著的一本棍术专业书。 这套棍术原传自河南嵩山北少林，后传入泉州南少林及泉州民间。 至明代，北少林棍法失传。 俞大猷平倭期间曾拜谒嵩山少林寺，得知棍法失传一事后，即回传棍术给嵩山少林寺祖庭僧众。按后代武术家总结，俞大猷的这套棍经有四绝招，即挡棍法、滚棍法、剃棍法和戳棍法。

《论河船式》是俞大猷针对当时日炽的倭患，总结他抗倭实践，在漕运及海航基础上改建兵船的一种全新设计，对抗倭灭倭实战有相当针对性。它在民船漕运船基础上，突出铁甲防护及冲锋逐浪、利于水战的功能。俞大猷通过奏疏将此经验总结进呈给皇帝。

何朝宗：明代著名陶瓷雕塑家

何朝宗（1522—1600），又名何来，明代瓷塑家，德化县浔中镇隆泰后所村人。

何朝宗从小跟当地制瓷艺人学艺。明嘉靖万历间（1522—1620年）逐渐形成瓷质、釉质、胎骨、造型、装饰等独具一格的何氏瓷塑工艺。他采用经精炼的乳白、象牙白釉水，烧成的瓷器质地光润，美如脂玉，如象牙，为德化瓷器一大特产，被称为"何来色"。其瓷塑观音，后人称为"何来观音"。其瓷塑作品，融泥塑、木雕、石刻造像各种技法于一炉，结合瓷土原料特性，另辟新径，形成独特的"何派"艺术风格。所塑佛像，发挥传统雕塑传神写意的优势，微妙地表现人物内心世界和传说故事的神韵，达到形神兼备、动静相宜、整体感与细部刻画完美结合的效果。其瓷塑不施色彩，以雕塑美和胎釉质地美取胜，是艺术性与科学性高度统一的结晶，作品畅销东南亚、日本、欧美各国，并为国内外博物馆所珍藏。北京故宫博物院收藏的"盘膝观音""达摩"，泉州市文馆会珍藏的"渡海观音"等，被列为国家一级文物珍品。

渡海观音

何朝宗是德化窑瓷塑的代表人物，他非常注重自己作品的艺术性，不是成熟的作品，决不轻易烧制，所以何朝宗的传世作品较少，作品以达摩、观音、罗汉等佛教人物居多。何朝宗的作品，非常强调对人物神情的刻画，他经常把人物放在特定的环境中以表现主题，例如他的《达摩渡海像》，达摩被置于一片汪洋大海之上，双手合抱在胸前，双眸深邃，凝视远方。达摩东渡弘法的抱负和决心，被艺术家表现得恰如其分。同时，以何朝宗为代表的德化瓷塑艺人，吸收了历代雕塑的长处，特别是继承了唐代表现佛像艺术的绘画风格，使得塑造的观音、达摩等造像很有唐代的韵味，形象既端庄肃穆，又平易近人，富有人情味。

李光地：编撰天文历法科学著作

众所周知，李光地是清康熙年间杰出的政治家，但他引种红稻，编撰天文、历法、军事科学著作的事迹却鲜为人知。

李光地，字晋卿，号厚庵，又字榕村，明崇祯十四年（1641 年）出生于安溪县湖头。清康熙九年（1670 年）登进士后，曾任翰林院掌院学士、吏部尚书、文渊阁大学士等职。

清康熙三十七年（1698 年），李光地出任直隶巡抚，因京郊常常闹水灾，经实地勘察，他提出："入卫之河与老漳河流浅而弱，宜疏浚；其完固口小支应筑坝逼水入河，更于静海阎、留二庄挑土筑堤，束水归淀，俾无泛滥。"这个治理方案，被采纳施行。

清康熙三十九年（1700 年），他组织民众在献县东西岸筑长堤，是当时全国规模最大的水利工程。工程竣工后，沿河田畴免受涝灾，二麦丰收，御赐"夙志澄清"匾额嘉奖。清康熙五十六年（1717年），他将御赐"红米慢"（"红稻"）引入安溪湖

安溪县湖头镇李光地雕像

头，试种成功后，在全县推广种植，造福安溪百姓。因红米营养较白米丰富，且抗旱、抗病虫害能力较强，在安溪推广后甚至传至外县外省及海外。

李光地学问渊博，从政后仍虚心学习，潜心六艺，甚至旁及历算，常向梅文鼎请教历算方面的知识。其著述颇丰，先后编撰《历象本要》、《星历考原》六卷、《月令辑要》、《历算合要》、《记浑天》、《记四分术》、《握奇经订本》等天文、历法、军事科学著作。

《月令辑要》为清代李光地等奉敕据《月令广

义》重加纂辑而成。 全书分为图说一卷,正文二十
四卷,分为:岁令、每月令、春夏秋冬令、正月至十
二月令、土王令、闰月令、昼夜令、时刻令。 各令
按天道、政典、民用、物候、占验、杂纪等子目分别
记述,内容主要介绍各种月令及传统民俗活动。 现
存有清康熙时期内府四色套印本。

丁拱辰：近代杰出机械工程专家

丁拱辰（1800—1875），泉州晋江陈埭人，机械工程专家。他最早系统考察了西方火器的使用和构造并研究制造了中国火器，在中国首先进行了蒸汽机、机车和轮船的模型制造，撰写了中国第一部有关蒸汽机、机车和轮船的著作，为创建中国近代机械工程作出了贡献。

丁拱辰年幼时，因家庭经济困难而从私塾休学，坚持自学，十七岁"弃儒就贾"，随父亲到浙东经商，二十岁又跟叔父到广东。因爱好研究天文，丁拱辰常常在静夜仰观星象，遂得到启发。后来有条件时他就对古代天文仪器璇玑玉衡进行改造，制成象仪全周仪，以测量度数，推算时辰，十分准确。

清道光十一年（1831年），丁拱辰出国谋生，先后到过菲律宾的吕宋诸岛和西亚的伊朗、阿拉伯半岛等地。清道光二十年（1840年），鸦片战争爆发，丁拱辰从海外游历回国。英国侵略者的炮舰在我国东南沿海到处猖狂袭击，攻陷了许多口岸和城镇。

他请缨报国，并夜以继日地整理平生积累的西洋武器资料，编著成《演炮图说》，通过时任御史的同乡抵抗派官吏陈庆镛，转请山东通晓数学机械原理的丁守存等人代为勘定。他倾尽家资积蓄，自费千金，将书刊刻行世。清道光二十一年（1841 年），丁拱辰带着自制的用以"测量演炮高低"的象限仪一具，千里迢迢奔赴广东，投效军营，找到当时主持广东军事的"靖逆将军"奕山。这年冬天，丁拱辰在广州燕塘向团练大炮手传授炮法，"用象限仪测视演放"，奕山亲往检查，认为"尚为有准"。之后他又将所著《演炮图说》与懂得制炮技术的署督粮道西拉本共同研究，仔细推敲。他们互相参考，并选择演炮要法，配以图说，刊刻多张，悬挂在炮台，让驻守各炮台的司炮者人人都能理解，懂得用法。经奕山等批准，丁拱辰按他的设计在广州铸炮，由他监制的大炮都采用滑车绞架，能上下左右改变射击的角度和方位，重量从一千斤到八千斤不等，灵巧结实，操纵推挽都极其灵便，成为当时最先进的武器。由于丁拱辰出色的发明创造，奕山奏请清政府赐给他六品军功顶戴。清道光二十二年（1842 年）七月，丁拱辰所著的《演炮图说》和他在广东铸炮、演试有准等消息传到道光帝那里，道光帝特谕令奕山、祁贡等查明其人其事上报，但不久，随着南京条约的签订和鸦片战争的结束，这事就没有下文了。

丁拱辰像

鸦片战争后，丁拱辰继续通过多次实践，再三修订《演炮图说》，在丁守存和另一科学家郑复光的帮助下，于清道光二十三年（1843 年）增订刊行《演炮图说辑要》，全书分四卷，共五十篇，附有一百一十多种图样，对各种西式炮、火药、炮弹以及轮船战舰的制法和运用都绘图详细说明。清道光二十九年（1849 年），丁拱辰带着他胞侄丁金安，应当时的钦差大臣赛尚阿之聘，前往广西桂林，与丁守存等铸造大小各种类型的火炮一百零六门，兼造火药、火箭、火喷筒、抬枪、鸟枪等武器。 他又编写了《演炮图说后编》一册二卷，对制造大炮和炮弹及枪炮的测量、演练教习等作进一步的阐发。

在洋务运动时期，丁拱辰北上江苏、上海，编撰西洋武器著作和研制西洋武器。 清同治二年（1863年）编撰《西洋军火图编》六卷，十二万言，绘图一百五十幅，被清政府授予广东候补县丞，以后升任知县，留广东补用，并赏给五品花翎。

在鸦片战争时期，丁拱辰还和丁守存、郑复光等对轮船进行了研究，他们设计了一批轮船模型，绘制了有关的设计图样，其中有机具在内的，也有机具在外的。 另外，他还与工匠们共同设计了一辆蒸汽机车模型。 这个模型长一尺九寸，阔六寸，载重三十斤，锅炉和机身都是铜制的，叫"小火轮车"。 这些具有创造性的发明，在当时的中国具有相当的科学价值。

丁拱辰在兵器技术方面的研制成果颇多。 他设计火炮的滑车绞架，用于调整炮身的位置，改变射击的角度，使操作灵活方便。 丁拱辰参考西洋炮的构造，研究改进铸铁炮技术。 经过调查和试验，他选用广东产的新黑麻铁七成、洋麻铁三成为原料，采用泥型，浇口设于炮口，巧置引门，铸成了性能良好的铁炮。 他改用失蜡法浇铸的炮弹光圆无痕，还主张将炮弹铸成实心和通心两种，后者的长处是弹体轻、射程远。

丁拱辰和丁守存根据英国新式火箭，于 1850 年在广西桂林成功地研制了由金属火箭筒构成的近代大火箭，射程 200 余丈（660 米）。"后底五孔出火焚烧（5 个喷管），一刻之久，烟雾迷空。以之火烧敌营，冲锋破阵，人遭必死，甚为得用，其功力与火炮并烈。"这是中国研制近代火箭之始。

丁拱辰是中国第一个比较正确完整地论述西洋武器的机械工程专家，比著名科学家李善兰、徐寿和华衡芳等早十多年，在我国近代科学技术方面有较突出的建树。他的发明创造，对巩固国防、抗击外国侵略者，曾起过一定的作用，引起了我国当代军事科学家的重视。他的治学态度和方法，值得后世借鉴学习。

庄长恭：中国有机化学的先驱者

庄长恭（1894—1962），福建泉州人，有机化学家，教育家，中国科学院学部委员（院士），生前是中国科学院上海有机化学研究所所长。

庄长恭像

庄长恭毕业于省立第十一中学（今泉州五中），获地方奖学金保送北京大学化学系学习，并以优秀成绩毕业，后赴美国学习，1924年获芝加哥大学化学博士学位，回国后任东北大学化学系教授、主任。

1931 年，庄长恭赴德国哥丁根大学、慕尼黑大学任研究员，从事甾体化合物及天然有机生物结构的研究，其中对甾体有关化合物合成的研究推动多环化合物化学的发展，受到国际有机化学界的重视。1934 年回国，他先后任中央大学理学院院长、中央研究院化学研究所所长、上海药物研究所研究员，并被选为中央研究院评议员。他引进刚发展起来的有机微量分析技术，从事麦角甾醇、中药化学成分和生物碱研究，卓有成效。

抗日战争中期，庄长恭辗转往云南昆明继续从事科研活动。抗战胜利后，他再度赴美国，进行学术交流和研究。1948 年回国，任台湾大学校长、中央研究院院士。1949 年返回上海。

中华人民共和国成立后，庄长恭被任命为中国科学院有机化学研究所所长。1955 年 6 月，他当选中国科学院物理学数学化学部委员、常务委员，后又被任命为化学部副主任。1956 年 3 月，他任国务院科学规划委员会委员；曾被选为第一、第二届全国人大代表。

庄长恭治学严谨，对实验现象的观察极为仔细，在科学研究上卓有成就，一生发表论文数十篇，他的主要论文有《麦角甾醇的结构》《2—甲基—环己烷乙酸—［1］—甲酸—［2］及其有关化合物的合成》《草

酸酯与 β—甲基—丙三羧酯的缩合》等。 其事迹被收入《中国科苑英华录》（新中国之部）及《中国科学家辞典》等。

庄长恭是中国有机化学学科的先驱者，有机微量分析的奠基人，时任中国科学院院长郭沫若评价"庄长恭是中国化学界的一面旗帜"。

张文裕与王承书：杰出的院士夫妻

　　他，是中国高能物理学家，是"奇异原子"——μ介原子的发现者，是我国宇宙线研究和高能实验物理的开创者，北京正负电子对撞机国家实验室的奠基人。

　　她，是中国核物理学家，曾轰动世界，被外界称为中国的居里夫人，却隐姓埋名 30 余年，事迹被写进小学课本还是鲜有人知。

　　他们就是终身爱国、彼此守护的张文裕、王承书院士夫妻，让我们一起走近他们的传奇人生。

张文裕：学成只为报效祖国的院士

　　张文裕（1910—1992），美国归侨，中国高能物理学科开拓者和奠基人，中国科学院高能物理研究所首任所长。

　　1910 年，张文裕出生于泉州市惠安县涂寨镇的

院士夫妻张文裕与王承书

一个穷苦家庭。 他自幼聪颖，颇得祖父喜爱，因而有机会念私塾，并在 1921 年转到惠安时化小学（现惠安县实验小学）就读。 1923 年，张文裕考入泉州培元中学。 后家庭遭遇变故，学业受阻，在校方和好友的帮助下，张文裕得以继续学业，以优异成绩被燕京大学破格录取。 大学毕业后，他正式留校当助教，并攻读研究生，1933 年获硕士学位，次年升任正式教师。

1934 年，张文裕怀着科学救国的理想，考取中英庚款公费留学名额，获得赴英国剑桥大学留学的机会。 留学期间，张文裕在核物理研究 3 个方面取得不错的成就，研究成果发表在英国的权威刊物上，引起国际核物理学界很大的反响和重视。

在张文裕即将取得博士学位时，日本侵略者悍然发动卢沟桥事变。消息传到英国后，中国留学生们群情激奋。他立即写信给中英庚款董事会，要求提前回国参加抗战。很快，中英庚款董事会回复张文裕："回国可以，但要取得博士学位。"于是，他向剑桥大学研究生院提出提前进行博士考试的要求。1938年春天，他顺利通过考试并获得博士学位。为了回国后能更好地为抗战服务，在等待毕业文凭的几个月里，他自费到德国学习战时急需的专业技术。当年11月，他跨越重洋，终于回到战火纷飞的祖国。回国后，张文裕先后在四川大学、西南联合大学、云南大学任教。在昆明期间，他与相恋多年的爱人王承书终成眷属。

1941年，王承书只身前往美国密执安州立大学攻读博士学位。1943年，张文裕也应邀赴美国普林斯顿大学，从事核物理教学和科研。1947年，他在实验中发现公式子原子及公式子原子能级间跃迁发射的公式射线，突破了卢瑟福-玻尔原子结构模型，开拓奇异原子研究的新领域，获得了重大科研成果，为原子物理学作出巨大贡献。这项新发现，也被国际物理学界称为"张原子"和"张辐射"。

1949年，中华人民共和国成立的消息传到美国，令众多中国在美科学家欢欣鼓舞，纷纷希望早日回国，参与祖国建设，张文裕更是如此。 只是国际风云变幻，没过多久抗美援朝战争爆发，中国在美科学家遭遇的政治气氛骤然变得十分恶劣，不少人成为美国联邦调查局"重点监控和调查对象"。 作为"全美中国科学家协会"执行主席的张文裕，人身自由也受到了限制。 其间，为了早日回国，他多次向美当局申请回国，均石沉大海。

美国对在美中国科学家归国百般阻挠的行为，引起了世界各国人民的公愤。 1954 年，周恩来总理在日内瓦会议上义正词严地质疑美方。 在世界公正舆论的谴责下，美国政府不得不逐步解除禁令。

1956 年，张文裕和王承书终于获准回国。

回到北京后，张文裕和王承书被安排在中国科学院近代物理研究所，张文裕任宇宙射线研究室主任、研究员，并增补为中国科学院学部委员（后称院士），王承书为祖国核事业，隐姓埋名 30 余年，是参与中国第一颗原子弹研制为数不多的女性之一。1957 年，张文裕提议在云南宇宙线高山实验站增建一台大型云雾室组。 云雾室组建成后，开展了一系列宇宙线课题研究，培养了一批中国第一代宇宙线研究人才。 经过十多年的潜心研究，1972 年中国科学工作者利用该云雾室组观测到宇宙线中一颗重粒子，受到国际核物理学界的高度重视，被誉为"开天辟地的使者"。

1972 年，张文裕与朱洪元、谢家麟等 18 位科学家联名给周恩来总理写信，提出"发展高能物理、建造高能加速器、尽快成立高能物理研究所"等建议。很快，周恩来复信表示支持。次年，中国科学院高能物理研究所成立，张文裕成为首任所长。

1975 年，张文裕等科学家再次向国家提出"关于高能加速器预制研究和建造问题的报告"，周恩来批准了这个报告。

1981 年，张文裕亲自主持高能物理研究基地建设调整方案的论证，为敲定建造北京正负电子对撞机起了关键作用。1984 年 10 月，北京正负电子对撞机建造工程正式动工。此时的他，身体状态早已大不如前，不过听闻这一消息时仍十分激动。在工程施工期间，他戴上助听器，挂着拐杖参加工程问题讨论会。为了及时了解工程进度，他多次坐着轮椅到加速器储存环隧道，了解工程的进展。

1988 年，北京正负电子对撞机顺利建成。它的建成和对撞成功，为中国粒子物理和同步辐射光应用开辟了广阔的前景，揭开了中国高能物理研究的新篇章。北京正负电子对撞机投入运行后，成为国际上在相同能区稳定运行、产生数据量最大的实验设施，取得一系列国际公认的具有世界水平的成果，在国际上备受瞩目。

1992 年 11 月，张文裕走到了生命的尽头。 弥留之际，他与夫人王承书共同约定，不为儿孙留任何遗产并立下遗嘱：将自己的书籍和科研资料捐给高能物理研究所；捐 10 万元给西藏贫困地区建一所小学（后被命名为"文裕希望小学"）；捐 3 万元给母校培元中学，用于奖励优秀学子（学校感念他的无私奉献，将建成的一座科学楼命名为"张文裕科学实验楼"）；余下的存款和利息 2 万元全部交了党费。 据悉，张文裕的捐款是当时希望工程收到的国内最大一笔个人捐款。

王承书：中国的"居里夫人"

这位女科学家被称作中国的"居里夫人"，在她身上，我们能看到太多的不可思议：身为女性，她却为了国家科研事业的发展，选择了最晦涩难懂的物理专业，并甘愿为祖国的发展销声匿迹三十年。

她叫王承书，作为我国原子弹研究历史上唯一一位女科学家，也许还有许多人都不知道她的名字。

1912 年，中国尚处于半殖民半封建状态，王承书出生了。 好在她出身于书香门第，优越的家庭环境和学习氛围，使得她很小就了解到居里夫人的瞩目成就，并不禁对此心生向往。

但是，王承书的理想并不被当时的社会环境所看好。那个时代的女性还饱受封建思想的压迫和残害，社会对于读书女性的接纳程度并不高，认为女子无才便是德，所以普遍不会让女性接受教育。

好在王承书的家庭氛围十分开明，全力支持她上学读书。可惜王承书幼年体弱多病，甚至还在求学期间因为身体原因休学了一年，不过她不负众望，学习成绩十分优异，最终成功考上了当时的著名学府：燕京大学。

本着对于数字和科学的热爱，考上燕京大学之后，她选择了一个在当时看来与女性传统形象背道而驰的物理专业。当然，对于王承书来说，选择物理学专业从某种意义上来说也是出于一种家国情怀。

当时的中国贫穷落后，科学技术的发展也长期陷入停滞，已经远远落后于其他国家。王承书却不服气，她认为，别的国家能做到的，中国也能做到。同样，在物理科研班之中，作为唯一一位女士的她，也永不服输，甚至做得比同班的大多数男人更加出色优异，用实力打破了女人不适宜从事物理学研究的惯性思维。

由于成绩优异，表现突出，毕业后，她成功获得了燕京大学罕见的金钥匙奖，并成功留任学校。在科研求学的过程中，她愈发坚定了献身科学的信念。与此同时，她还遇到了与自己相伴一生的伴侣——张文裕。

张文裕是燕京大学的教授，与王承书同样有着为科学献身的信仰，两人彼此吸引，很快便走在一起，结为了一对眷侣。

1941 年，美国密歇根大学建立的巴尔博奖学金看中了王承书的杰出才能，破例接受了来自中国的已婚妇女的申请。而王承书之所以选择去美国深造，就是为了进入到更前沿的物理学研究领域，好将更加先进的物理科学带回祖国，以改变中国科研领域的落后局面。

于是，王承书便与张文裕远渡重洋来到美国，在美期间，王承书刻苦攻读，在稀有气体领域作出了十分瞩目的成就。她的导师乌伦贝克，称赞她是"不可多得的物理天才"，她的学术造诣更使她被称为"中国的居里夫人"。

很快，她的才华就引起了美国普林斯顿高级研究所的关注。在普林斯顿的邀约下，王承书进入其中从事研究工作。但是，在美国科研领域已经占有一席之地的她，却始终没有忘记自己的报国梦。

1949 年，中华人民共和国成立，一心想报效祖国的王承书，与钱学森等许多华人科学家一样，申请回国却遭到了美国的拦截。

然而，王承书对于美国的威逼利诱，却始终都不为所动，还不懈努力地处处寻找回国机会。终于在1956 年初，王承书夫妇才成功回到祖国的怀抱。

一回国，作为高科技人才的王承书，就被编入国防研究领域。为了研究原子弹，1958 年，中国原子弹研究所筹建的热核聚变研究室成立，王承书在钱三强的邀请下，加入了热核聚变这个完全陌生且空白的领域。

国家需要什么，她就做什么。带着这份坚定的信念，王承书带领同事前往苏联学习了整整三个月的热核聚变知识。仅用两年时间，王承书就成了中国热核聚变专业的领军人物。但是没过多久，中苏关系恶化，苏联撤回了所有协助中国原子弹研究事业的专家和设备资料，使得中国的原子弹研究事业一度陷入停滞。其中，受影响最深的当属高浓缩铀的提取工程。高浓缩铀是原子弹发射的燃料，也是原子弹是否能够成功的关键性因素，无奈之下，钱三强再次找到王承书，并征求她的意见，询问她是否愿意接任这份工作，到绝密的 504 厂隐姓埋名做研究，并且从亲人朋友的视野之中完全消失。本来钱三强见她事业家庭正盛，心中没有抱太大期望，不曾想王承书却没有任何犹豫地回答道："我愿意。"

就这样，王承书忽然就"失踪"了，她"舍家弃子"来到科研条件十分艰苦的 504 高浓缩铀工厂，整日与枯燥的数据机器为伴，一待就是整整 30 年。在此期间，她经过反复的实验论证，最终成功分离提取出合格的高浓缩铀，使得中国原子弹的研究取得了突破性进展。

1964 年 10 月 16 日,中国第一颗原子弹爆炸成功,震惊世界。 看着罗布泊上腾空而起的蘑菇云,王承书热泪盈眶。

不过,第一颗原子弹只是"两弹一星"的第一步,为了实现祖国科研事业的进一步飞跃,王承书选择继续留在工作岗位,隐姓埋名地献身于新中国的科研事业。

30 年后,她的秘密科研工作才算完成。 出来之后,她便当选为中国科学院学部委员,还被称为"中国第一女物理科学家"。 自此,王承书终于实现了她儿时的梦想——成为像居里夫人那样伟大的女科学家。

王承书隐姓埋名消失 30 年,丈夫也不知道她在哪儿,只为国人能挺起脊梁。

谢希德: 半导体物理研究倡导者

　　谢希德（1921—2000），福建泉州人，固体物理学家、教育家、社会活动家，中国科学院学部委员（院士）、第三世界科学院院士，复旦大学原校长，上海杉达学院原校长。

　　谢希德 1946 年毕业于厦门大学物理系，1951 年获美国麻省理工学院物理系博士学位，1952 年回国，任复旦大学物理系教授，曾任复旦大学现代物理研究所所长、复旦大学校长、上海市政协主席，1980 年当选中国科学院数学物理学部委员，1981 年被选为中国科学院主席团成员。

　　谢希德主要从事半导体物理和表面物理的理论研究，是中国这两方面科学研究的主要倡导者和组织者之一。 她领导课题组在半导体表面界面结构、Si/Ge 超晶格的生长机制和红外探测器件、多孔硅发光、蓝色激光材料研制、锗量子点的生长和研究以及磁性物质超晶格等方面取得出色成果。

　　20 世纪 50 年代，谢希德从事半导体物理和表面物理的科研与教学工作。 1956—1958 年，她到北京大学参加五校合办的半导体专门组，开展半导体研究工作，并同有关专家一道培养中国第一代半导体专业人才 300 名；与黄昆教授合作，编著《半导体物理学》（科学出版社 1958 年出版）。 1962—1966 年，她在复旦大学创建固体能谱研究小组，主持开展固体能带研究，先后发表多篇学术论文，并与方俊鑫合著《固体物理学》（1962 年）。 1965 年，她作为中国固体物理代表团团长，出席英国物理学会固体物理学术会议。 20 世纪 70 年代，她开展与 MOS 器件相结合的硅、二氧化硅系统有关的表面研究，试制电荷耦合器件，并主持建立表面物理研究组，指导开展半导体表面理论研究，先后编著《表面物理》《群论及其在固体物理学中的应用》等专著。 20 世纪 80 年代，她倡议建立中国自然科学基金会，以推进中国基础科学研究。

谢希德院士受到邓小平同志接见

20 世纪 80 年代后，美国、加拿大、日本、英国等国家先后 10 次授予她荣誉博士学位。其科技业绩分别编入《中国科学家辞典》《中国科苑英华录》。1988 年，她当选第三世界科学院院士，1990 年被选为美国文理科学院外籍院士。1991 年，她受国务院表彰，享受国务院政府特殊津贴。2000 年 3 月 4 日，谢希德逝世于上海，享年 79 岁。

林俊德：献身国防科技事业科学家

林俊德（1938—2012），福建永春人，爆炸力学与核试验工程领域的著名专家，少将军衔，中国工程院院士，原总装备部某试验训练基地研究员。

林俊德一辈子隐姓埋名，52 年坚守在罗布泊，参与了中国全部的 45 次核试验任务。他于 1978 年被国防科工委授予"先进科技工作者标兵"荣誉称号；1987 年出席第二届全军英雄模范代表大会；1990 年参加共青团中央组织的"奋斗者足迹"知识分子报告团，受到党和国家领导人接见；1997 年获国防科工委颁发的伯乐奖，并撰写专著两部，编著出版教材一部。2018 年，经中央军委批准，"献身国防科技事业杰出科学家"林俊德为全军挂像英模。

1955 年，17 岁的他考入浙江大学机械系。由于家境贫穷，大学全是靠党和政府助学金读完的。为此，林俊德常对儿女们说，我能有今天，离不开党和国家的培养。做人，一定要懂得感恩，要赤诚报国。1960 年，从浙江大学毕业的林俊德参军入伍，从此隐姓埋名，成为新中国核试验科研队伍中的一员。

1964 年 10 月 16 日 15 时，罗布泊一声巨响，蘑菇云腾空而起。林俊德研制的"林氏"压力自记仪，在我国第一颗核爆试验中首战立功。自此，作为功勋装备，它应用于各种高尖端武器试验之中，出现在试验场的各个角落。

林俊德长期从事空中核爆炸冲击波、地下核爆炸岩体应力波、核爆炸地震波、核爆炸安全工程技术、强动载实验设备与实验测量技术等研究工作，参加过众多重大国防科研试验任务，带领项目组解决多项关键技术课题，获国家技术发明奖 2 项、国家科技进步奖 3 项；获二等奖以上省部级科技进步奖 12 项；1990年获"国家有突出贡献的中青年专家"称号，享受国务院政府特殊津贴。20 世纪 90 年代，他启动核试验地震、余震探测及传播规律研究，把地下核试验应力波测量技术向核试验地震核查技术扩展，为中国参与国际禁核试核赢得重要发言权。1999 年，他受特邀出席"两弹一星"突出贡献科技专家表彰大会，荣立一等功、二等功各 1 次，三等功 2 次。2001 年当选中国工程院院士后，他主动担纲某重大国防科研实验装备的研制任务，带领攻关小组连续攻破方案设计、工程应用、实验评估等难关，最终取得关键技术重大突破，研制完成各种重要装备。

"我这辈子就干了一件事，核试验。 咱们花钱不多，干事不少。 搞科学实验，就要有一股子拼劲儿。"这是林俊德经常引以为豪的话。 他担当 10 多项国防科研尖端课题研究，一年几乎有 300 多天都在大漠戈壁、试验场区度过。

"我不能躺下，躺下了，就起不来了！"

2012 年 5 月 4 日，林俊德被确诊为"胆管癌晚期"。 从确诊到去世的 27 天时间里，他戴着氧气面罩、身上插着 10 多根管子，坐在临时搬进病房的办公桌前，对着笔记本电脑，一下一下地挪动着鼠标。

因为在他的电脑里，关系国家核心利益的技术文件，藏在几万个文件夹中。

他放弃用手术延长寿命，选择与死神争分夺秒，1 天、2 天……一直拼到他生命的最后一天、最后一刻……

这是林俊德生前最后的影像，他大口喘着气，眼神也暗淡下来，这一躺下后，他再也没能起来……

2012 年 5 月 31 日 20 时 15 分，林俊德，这位让罗布泊发出 45 次巨大轰鸣的将军，永远地闭上了眼睛。

临终前，他用虚弱的话语再三叮嘱："死后将我埋在马兰。"对于林俊德院士来说，马兰是他奋斗一生的地方，是他永远的"家"。

附 录

科技园区

国家高新园区（自创区）

泉州高新技术产业开发区是 2003 年经福建省人民政府批准建立的省级高新技术产业园区，2006 年 3 月通过国家发改委审核，2010 年 11 月国务院批准泉州高新区升级为国家高新区。 泉州高新区升格后，实行"一区多园"管理，现包括泉州高新区主园区、鲤城高新区、泉州数字经济产业园、石狮高新区、晋江五里高新区、南安光电信息产业基地、泉州高新区清濛园、中国国际信息技术（福建）产业园、泉州半导体高新区安溪分园区、泉港新材料高新技术产业园区 10 个分园区，规划面积 121.78 平方千米，建成区面积 60.83 平方千米。 目前，泉州高新区已形成纺织鞋服、电子信息、机械装备三大主导产业，培育了新一代信息技术、太阳能光伏、新材料等战略性新兴产业，并加大力度推进软件和信息服务、文化创意、现代物流等现代服务业发展。

主园区。 位于福建省泉州台商区，以新能源、新材料、绿色智能交通、高端装备制造、光电信息作为主导产业，是高新区的主园区。

鲤城园。 以数字安防、电子元器件、新能源、新材料和绿色照明为主导产业的综合性产业园区。

石狮园。 以现代物流业、智能制造产业和创新型纺织鞋服产业等产业为主的园区。

数字经济产业园。 位于福建省泉州丰泽区，是软件和信息技术服务产业核心园区。 重点发展软件及信息技术、光电子信息、工业互联网、智能机器人、工业设计及数字创意、智慧城市及行业应用六大产业。

泉港新材料园。 以石化产业为主体，以电子、轻工、精细化工等高新技术为导向的多功能现代化综合园区。

晋江五里园。 以鞋服、纺织、装备制造、食品、新材料等综合产业为重点的园区。

南安光电信息产业基地。 是光电信息产业中心，重点发展光伏、LED、电子信息等光电信息产业。

半导体安溪分园。 位于安溪县湖头镇，是福建省最大最专业的 LED 高科技产业基地之一。

国际信息产业园。 位于安溪县龙门镇，是大数据与信息产业园区，已基本建成"三中心三基地"，即数据中心、信息技术教育实训中心、国家交流中心和信息技术服务外包基地、国际数字媒体产业基地、弘桥智谷电商产业集群基地。

清濛园。 以发展纺织鞋服、电子信息、机械制造、生物医药等主导产业的园区。

国家农业科技园区

泉州国家农业科技园区前身系 2005 年泉州市人民政府批复建设的泉州市现代农业科技示范园区，2011 年 12 月福建省科技厅批复为泉州省级农业科技园区，2013 年 9 月经科技部批复为第五批国家农业科技园区。 目前，园区已建成核心区面积 15 万亩，示范区面积 60 万亩，认定泉州国家农业科技园区示范企业（基地）241 家。 2017 年 9 月顺利通过科技部验收，石狮市被列为福建海洋经济示范县。 2019 年泉州国家农业科技园区综合评估达标，2016—2017 年度在全国 157 个参评园区中，创新能力指数居全国第九位，是福建省唯一进入全国排名前十的国家农业科技园区，代表了国家农业科技园区较强的创新能力水平。

泉州国家农业科技园区按照"两园一中心"（茶

叶园、海洋生物园和创新中心）的建设发展布局，以一中心服务两园区协同发展，不断提升泉州国家农业科技园区的整体创新水平。

创新中心：位于泉州台商投资区洛阳镇，以泉州市农业科学研究所承建的泉州市现代农业科技示范园区和农业部台湾农业技术交流推广中心为核心，着重开展果蔬、茶叶和海洋生物产业的新技术、新品种、新产品的研发创新、示范展示、合作交流，开展实用技术培训、网络营销与信息服务、绿色生态种养业与休闲观光推广开发工作。

茶叶园：核心区包括"两园六镇"，即安溪县城区工业园、中国国际信息技术（福建）产业园以及龙涓、感德、祥华、西坪、芦田、虎邱六个乡镇。构建以茶叶规模化种植和产品精深加工为主导，以茶机具加工、生态农业观光旅游、茶文化传承和电子商贸为特色，以现代物流配送、科技研发、教育培训、包装展示和互联网加大数据为保障体系，一二三产融合的现代化涉茶综合产业集群。

海洋生物园：海洋生物园核心区涵盖石狮市祥芝、鸿山两个乡镇，核心区域面积 2 万亩，形成一个中心三个基地，即海洋生物公共服务中心、海洋渔业生产服务基地、海洋生物高科基地、渔港风情休闲基地。

科技平台

近年来，泉州实施"大院大所大平台"计划，与中科系、大学系、企业系等18家大院大所合作共建科技创新平台，覆盖智能装备、电子信息、纺织鞋服、新材料、陶瓷建材等领域。

中国科学院海西研究院泉州装备制造研究中心。由中国科学院海西研究院与泉州市人民政府于2013年7月4日签约共建的科研机构，面向智能制造、"碳达峰、碳中和"等国家重大战略需求开展创新研究工作。聚焦智能制造领域，在智能测控及网联技术、模式识别与智能系统、大数据等方面形成满足国家和行业重大需求的关键应用技术成果；面向新能源领域，重点攻关新能源汽车、储能系统及智能电网等领域核心关键技术，形成助推"双碳"发展目标的重大科技成果。

泉州华中科技大学智能制造研究院。由泉州市人民政府与华中科技大学合作共建，于2014年11月20日成立的事业单位，面向泉州市智能制造和传统产业转型升级的需求，构建协同创新的机制和模式，聚集和培养高水平的智能制造技术开发和应用专业人才，打造具有强大的制造业技术创新、成果转化和产业化的科技公共服务平台。

福建（泉州）先进制造技术研究院。 原福建（泉州）哈工大工程技术研究院，于 2016 年由泉州市人民政府和哈尔滨工业大学在泉州共同组建，是工信部教育与考试中心工业机器人技术技能人才培养实训基地、福建省装备行业系统解决方案服务型制造公共服务平台、福建省省级工业设计中心、福建省工业机器人智能控制技术工程研究中心、福建省省级新型研发机构、福建省"一带一路"联合共建实验室、福建省省级技术转移机构，主要开展机器人与智能技术、自动化技术的研发与应用，以及技术咨询、方案设计与人才培养等工作。

泉州南京大学环保产业研究院。 该院是由福建省政府和南京大学共同举办，于 2018 年 1 月注册成立，作为福建省省级科研机构落地泉州市，主要承担环保产业技术研发、成果转化、运用推广和人才培养等职责。 目前，研究院主要在环境功能材料、废水处理、大气污染控制、土壤污染修复、流域生态污染控制、固体废弃物处置与资源化等方向开展共性关键技术研究。

泉州天津大学集成电路及人工智能研究院。2019 年 6 月，泉州市政府和天津大学签署协议合作共建泉州天津大学集成电路及人工智能研究院，服务内容主要涉及技术开发、成果转化、人才培养、孵化企业和科技金融等方面。目前研究院项目的主要方向为集成电路设计、物联网工程应用、大数据分析、人工智能等技术相关产业。

泉州湖南大学工业设计与机器智能创新研究院。该院由泉州市人民政府与湖南大学合作共建，于2020年12月正式揭牌，面向泉州高端装备、智能制造、智慧城市、生态环保、数字文化等特色产业的发展需求，开展工业设计与机器智能相关科研服务工作。

清源创新实验室。成立于2019年9月，由泉州市人民政府牵头，依托福州大学与中化能源股份有限公司共同建设。该实验室主要围绕催化科学与技术、合成材料、精细化学品、环保与安全技术、过程与产品工程等五个重点方向，开展科学基础研究、创新技术研究及产业化应用研究。

泉州中国兵器装备集团特种研发中心。于2019年底由泉州市人民政府与中国兵器装备集团共同组建，是兵器装备集团唯一的以特种机器人技术研究与产品开发为主要产业发展方向的科研事业单位。该中心紧密围绕集团"十四五"产业发展布局和智能无人产业发展规划，致力于特种机器人技术与产品研发，积极开拓应用领域和创新产品种类。

福建省海上丝路时间中心运营有限公司。由中国科学院国家授时中心牵头，联合泉州市国有资产投资经营有限责任公司、菡苕（上海）资产管理有限公司共同组建，于 2019 年 11 月 14 日进行工商注册。该公司主要进行国家授时中心科研成果转化，时间频率与卫星导航应用相关产品的开发和市场应用拓展推广。

中国生产力促进中心（泉州）特种通信研究院。由泉州市人民政府与中国生产力促进中心协会于 2019 年 7 月 9 日联合设立的民办非企业社团事业法人单位。该院主要围绕移动对讲、信息与通讯、终端材料与制造、微波通信、传统制造业的智能制造等领域开展研究，助力泉州对讲产业孵化、加速、聚集、投资等，促进泉州特种通信、智能制造等产业提档升级，推动泉州经济发展。

泉州市云箭测控与感知技术创新研究院。由泉州市科学技术局、洛江区人民政府、湖南云箭集团有限公司于 2019 年 12 月 6 日合作共建。该院主要开展低成本 MEMS 导航、分布式智能感知等领域研究，主要产品包括惯性 MEMS 器件、微惯性测量单元、组合导航系统、消防单人定位系统等。

福建师范大学泉港石化研究院。成立于 2013 年，是泉港区人民政府引进的高校科研院所，是福建省新型研发机构、福建省技术转移机构。该院主要从事先进高分子等新材料领域的应用技术研究，为政府和区域企业提供技术开发、技术咨询、技术转移等科技创新服务。

中国皮革和制鞋工业研究院（晋江）有限公司。成立于 2013 年 8 月，由中国皮革制鞋研究院有限公司（原中国皮革和制鞋工业研究院）控股，联合峰安皮业股份有限公司、晋江源泰皮革有限公司、兴业皮革科技股份有限公司等 7 家皮革制鞋产业链上下游企业共同出资组建，是集研发设计、标准检测、服务推广为一体的皮革制鞋行业技术创新平台和公共服务平台。

海西纺织新材料工业技术晋江研究院。由晋江市人民政府与中国纺织科学研究院有限公司合作共建的纺织行业区域性公共服务平台，2013 年 10 月成立，主要从事纺织及医用新材料研发，"四技服务"，成果推广等工作。

福州大学-晋江微电子研究院。由福州大学和晋江市政府合作共建，位于福州大学晋江科教园区。主要开展新型存储器、后摩尔时代器件、传感器芯片等核心技术研发与关键技术突破。

中轻（晋江）卫生用品研究有限公司。该公司是晋江市政府引进的卫生用品产业公共服务平台，由中国制浆造纸研究院有限公司控股，与福建恒安集团有限公司等卫生用品及原材料龙头企业共同出资成立。该公司以卫生用品及纸制品新材料、新技术的开发应用，造纸及卫品行业检测仪器、试验设备的研究开发，生活用纸和卫生用品检测方法与技术的研究开发，造纸化学品的研究开发与应用为主要研究方向。

石狮市中纺学服装及配饰产业研究院。 该研究院是中国纺织工程学会出资筹建的民证局备案的非盈利企业单位，成立于 2017 年 7 月，主要研究内容围绕产业共性及前沿技术研究、技术应用推广和成果转化、人才培养引进、服务地方行业企业以及科普教育等方面，将创新科技成果转化成新产品、新工艺和新服务，为企业提供强大的创新技术源泉。

德化县中科陶瓷智能装备研究院。 由德化县人民政府、泉州市陶瓷科学技术研究所和中科院沈阳自动化研究所（昆山）智能装备研究院三方共建，于2020 年 7 月正式注册成立。 该院致力于打造集陶瓷智能制造关键技术攻关、陶瓷先进制造装备和成果转移转化于一体的高技术水平产业基地，为陶瓷产业不断研发新设备，实现陶瓷装备向标准化、数字化、智能化发展。

院士专家工作站

泉州市院士（专家）工作站作为泉州市建设中国科协"科创中国"试点城市科技经济融合重要平台，

作为柔性引才工作的主要抓手，得到了市委、市政府的高度重视和支持，截至目前累计建设院士工作站68家，专家工作站109家，并依托院士（专家）工作站累计柔性引进59名中国科学院、中国工程院院士，3名海外院士，102名海内外高端人才，与泉州市企事业单位开展合作对接，为"强产业、兴城市"双轮驱动提供智力支撑。

福建省蓝深环保技术股份有限公司院士工作站。2018年9月，福建省蓝深环保技术股份有限公司与中国工程院院士、膜分离技术领域著名专家高从堦合作建立了泉州市首家国企院士工作站。双方通过资源共享、优势互补，合力打造区域首创、行业顶尖的高层次产学研合作平台，深耕再生水领域中新技术、新产品的产业化应用，进一步实现院士团队在泉州市的成果转化与产业化发展。

泉州信息工程学院院士工作站。由泉州信息工程学院与中国工程院院士、西安交通大学教授、博士生导师、中国机械制造与自动化领域著名科学家、国家增材制造创新中心及快速制造国家工程研究中心主任卢秉恒院士及其团队合作建立，于2019年建立并通过泉州市院士工作站认定。该工作站主要开展"陶瓷3D打印技术的研究与应用"和"建筑3D打印技术及装备的研制"等项目的研发。

泉州南京大学环保产业研究院院士工作站。由中国工程院院士、南京大学教授、泉州南京大学环保产业研究院名誉院长张全兴领衔建立，于 2019 年 4 月获认定为泉州市院士工作站，2020 年 1 月通过省级认定。 该工作站致力于环保材料与环保技术方面的研发，目前主要开展的研究课题有可降解超薄注塑材料、深度高效脱氮除磷技术、新型磁性树脂吸附技术等环保方面材料与技术的研发。

泉州市泉美生物科技有限公司院士工作站。 由泉州市泉美生物科技有限公司与中科院方荣祥院士及其团队合作建立，2018 年被认定为"全国模范院士专家工作站"。 该工作站主要在药用植物开发利用、组培污染防控、林木良种、观叶植物种苗标准化等方面开展合作研发。

福建中科光芯光电科技有限公司院士工作站。由福建中科光芯光电科技有限公司与中国科学院吴新涛院士于 2020 年签约共建院士工作站，并先后通过市级、省级院士工作站认定。 该工作站主要从事"外延生长、光芯片设计研发、半导体微纳加工及器件、模组件封测"的光芯片及器件全产业链研发生产，为 5G 的核心网、接入网相继开发了从 10G 到 50G 的直调激光芯片和适用于 400G 到 800G 速率的相干激光光源；产品成功进入中兴、华为、烽火等国内一线厂家，为解决激光芯片"卡脖子"难题作出重要贡献。

福建省麦都食品发展有限公司院士工作站。 由福建省麦都食品发展有限公司于 2015 年，携手中国工程院院士、发酵工程和环境工程专家、江南大学生物工程学院教授、博士生导师伦世仪共建的泉州市院士工作站。 该工作站主攻冷冻面团、功能性食品、生物发酵等领域，并组建了福建省唯一的酵母技术工程研究中心。

晋江市医院院士工作站。 工作站成立于 2016 年，先后柔性引进中国工程院郑树森院士、李兰娟院士伉俪及其团队进驻工作。 在院士及其团队的带动引领下，晋江市医院以院士工作站为核心建立国际多学科远程会诊中心，重点开展疑难、重症、罕见疾病的远程会诊和教学查房等工作。 先后获评"泉州市院士示范工作站""福建省示范院士专家工作站"。

利郎（中国）有限公司院士工作站。 利郎公司自 2012 年起便与西安工程大学建立产学研合作关系，先后与该校姚穆院士及其团队联合开展多项技术攻关。 2018 年，利郎公司与姚穆院士基于优势互补、资源共享的原则，首次签约共建利郎院士工作站，主要从事纺织材料和纯化纤仿毛技术的研究，开拓人体着装舒适性研究新领域。 该工作站被认定为"泉州市院士工作站"及"福建省院士工作站"。

福建省中科生物股份有限公司院士工作站。 该站由中科生物股份有限公司与中国科学院院士匡廷云于 2017 年合作建立。 建站单位中科生物股份有限公司是中国科学院植物研究所联手福建三安集团，发挥各自在植物学领域与光电技术领域的特长成立的合资企业，主导利用 LED 光谱技术应用于植物生命科学领域，致力于植物工厂产业化，促进农业生产方式变革，专注于室内农业科技的研究及产业化。

福建佳友茶叶机械智能科技股份有限公司院士工作站。 2017 年，佳友公司与中国工程院院士陈学庚及其创新团队建立福建佳友茶叶机械智能科技股份有限公司院士工作站，并围绕"自动化连续化茶叶发酵机研发推广"等项目开展合作，重点解决茶叶机械、数控机床等技术开发问题，研制开发出适合广大用户使用的智能化、数控化设备，引领农业机械、数控机床行业的创新发展，为农业机械、数控机床注入新的发展动能。

德化县绿园农业综合专业合作社院士工作站。工作站成立于 2018 年，合作院士为中国科学院谢华安院士。 双方合作开展了"闽南高海拔山区优质稻生态栽培技术研究"等水稻科学技术研究，弥补了合作社自身在水稻研究、生产技术领域科研能力的不足，有力提高了合作社科研创新能力。

泉州湖南大学工业设计与机器智能创新研究院院士工作站。 由泉州湖南大学工业设计与机器智能创新研究院与中国科学院庄逢辰院士合作共建的高层次科技创新平台，旨在通过聚焦多方力量，实现人才聚合、技术集成、服务聚力，加速科技成果转化应用发展。该工作站先后获批市级、省级院士工作站。

西人马联合测控（泉州）科技有限公司专家工作站。由福州大学兼职硕士生导师，现代精密测量与激光无损检测福建省高校重点实验室主任林振衡博士、教授领衔，于 2021 年 8 月成立。该工作站利用 MEMS 芯片技术，纳米、功能陶瓷等新材料，现代信号处理，云计算，以及人工智能等综合技术，主攻机器神经故障诊断系统、智能健康医疗器械等技术的研究。

方圆建设集团专家工作站。由方圆建设集团有限公司与福州大学赖志超教授团队共建，依托赖志超教授所在的福州大学土木工程学院的相关实验与研究资源，拥有信息提取、鉴定分析、构件研究的实验装备，推动了泉州建筑产业发展。

福建永前生态环境技术有限公司专家工作站。2019 年 4 月，福建永前生态环境技术有限公司与广东省科学院陈能场研究员合作成立专家工作站。围绕"适宜海边碱地种植的土壤改良方法""景观水域污水生态治理系统""池塘生态化水治理系统"等开展技术研发。

福建浔兴拉链科技股份有限公司专家工作站。工作站于 2019 年获批建立，以公司技术研发中心为依托，柔性引进以厦门理工学院谢安教授为主的技术攻关团队。主要围绕高性能锌合金拉链精密成型关键技术开发，取得了"制造拉链锌合金压铸模具的新材料及其相关的热处理工艺方法"等成果。

福建晋工机械有限公司专家工作站。该站于2019年建站，通过与华中科技大学机械科学与工程学院王平江教授及其团队合作，开展"MB8-160×3200型折弯机数控电液伺服同步系统升级改造"项目合作攻关；合作研发的智能化多功能配网施工一体化平台项目，属于国内首创，填补了国内技术空白，大大促进公司科研创新能力的提高。

永悦科技股份有限公司专家工作站。2018年，永悦科技股份有限公司与泉州师范学院卓东贤教授合作共建专家工作站，围绕"3D打印液体树脂的研制与开发"开展项目合作，研制出工业用355nm和405nm 3D打印光敏树脂，大大提高了成型材料的打印精度、刚性、韧性及耐热性能，大幅降低成本，取得良好的经济效益。

国家燃香类产品质量监督检验中心专家工作站。该站是国家燃香类产品质量监督检验中心（福建）与厦门大学陈曦教授创新团队在科研合作的基础上建立的创新平台。工作站建立以来，在标准的制修订工作方面，主持或参与"生态香通用技术规范团体标准"等2项、"燃香类产品燃烧后苯系物分析操作规程地方标准" 1 项、行业标准 1 项、国家标准《燃香类产品安全通用技术条件》1 项，不断提升自身的科研能力。

福建太平洋制药有限公司专家工作站。 该站于 2020 年由福建太平洋制药有限公司与美籍华人、普霖贝利生物医药研发（上海）有限公司副总裁、国佐治亚大学药学博士邱宏春及其团队签约共建。 双方在仿制药和原料药领域进行新产品的研发合作，开展技术攻关和人才培养，提供药政法规咨询和技术指导。

福建华南重工机械制造有限公司专家工作站。 2018 年，福建华南重工机械制造有限公司柔性引进华侨大学林添良教授专家团队，共同开展"纯电动技术在重型叉车、挖掘机、装载机、伸缩臂叉车上的研发与应用"等项目合作；并于 2019 年合作共建泉州市专家工作站，坚持对电动化工程机械的聚焦研发，攻取技术高地，保持领先地位。

福建集盛鸽业股份有限公司专家工作站。 公司于 2017 年与福建省农业科学院郑嫩珠研究员及其创新团队开展合作共建，在完成工作站合作项目等建设内容后，于 2021 年再次合作，双方共同开展"优质肉鸽高效安全生产关键技术集成创新及应用研发与技术指导"项目研究，有效提高公司肉鸽养殖的多种技术指标，促进肉鸽产业技术升级发展。

科技小院简介

南安蜜蜂科技小院。 坐落在福建省南安市向阳乡向阳村，由中国农技协科技小院联盟认定命名并授牌，是集农业科技创新、农业技术服务、农村科学普及、人才培养培训四位一体，服务"三农"和乡村产业振兴的平台。 获批为"中国农技协、福建省科协科技小院"，为福建省第三批 9 家科技小院之一。

安溪铁观音茶科技小院。 该小院于 2022 年 4 月获批为福建省第四批 11 家科技小院之一，是中国农技协科技小院联盟认定命名并授牌，集茶业科技创新、技术服务、科学普及、人才培养培训四位一体，服务茶产业振兴的平台。

永春芦柑科技小院。 该小院位于永春县五里街镇高垅村，是福建省第二批、泉州市第一家科技小院。 小院依托单位永春绿源柑橘专业合作社，被认定为"中国农技协科普教育基地"。 小院研究生高志键荣获 2021 年"福建科技小院优秀研究生"称号。 依托单位负责人张生才，获得中国农技协 2021 年"最美科技工作者"荣誉称号。

德化淮山科技小院。 该小院以德化县淮山专业技术协会为依托单位，于 2022 年 4 月获批，为福建省第四批 11 家科技小院之一。 一方面加强淮山的保鲜和加工研究，另一方面制定淮山标准化栽培技术规范，提升栽培水平。 小院是集农业科技创新、农业技术服务、农村科学普及、人才培养培训四位一体，服务"三农"和乡村产业振兴的科技平台。

泉籍院士

蔡镏生（1902—1983）

蔡镏生，泉州市百源村人，清光绪二十八年（1902 年）生。 1929 年到美国芝加哥大学攻读化学与反应动力学研究生，获博士学位；曾任燕京大学化学系教授。 他将近代物理新技术应用于物理化学的科学研究，率先把真空技术、示踪原子技术引入中国化学界，成功试制"盖革计数管"，填补国内空白；初步建立闪光光解光谱仪，在国内处于领先地位。

王应睐（1907—2001）

王应睐，清光绪三十三年（1907 年）出生在金门县。 他从事氯仿、甲苯对蛋白酶的作用以及豆浆与牛奶消化率的比较等研究，所建立的维生素 B1 的硫色素荧光测定法，能简便准确地测定食物及尿等生物样品中的维生素 B1 含量；对血红蛋白的研究取得突出成果；证明了豆科植物的根瘤中含有血红蛋白，这一发现有助于从生物化学的角度解释生物进化学说。

陈宗基（1922—1991）

陈宗基，1922 年 9 月 15 日生于印度尼西亚爪哇岛苏加巫眉镇，祖籍福建安溪，土力学和地球动力学专家。 在国际上最早创立土流变学，为土力学开创一个新的研究途径；在国际上首次提出"粘土结构力学"新学说。 他提出的"陈氏固结流变理论""陈氏粘土卡片结构""陈氏屈服值""陈氏流变仪"等已被国际上公认。 他在国内开创地球动力学研究，建立中国科学院高温高压开放实验室。

陈火旺（1936—2008）

陈火旺，1936 年 2 月 5 日生，福建安溪人，计算机软件专家，中国工程院院士。 主持中国第一个FORTRAN 编译程序的设计，获 1978 年全国科学大会奖；"银河-I"获 1984 年中央军委国防科技成果特等奖；主持面向对象集成化开发环境研制，建造了国内首例面向对象环境。 1991 年，他获"国家有突出贡献的中青年专家"称号，同年获光华科技基金一等奖。

施教耐（1920—2018）

施教耐，晋江人，菲律宾归侨，植物生理学家，中国科学院院士，中国科学院上海植物生理研究所研究员。

施教耐长期从事植物代谢和酶的调节研究，是国家植物代谢研究领域的学术带头人之一。他在植物代谢关键酶的结构功能和调节特性的研究中取得重大进展；在植物酶的调节机理研究中作出突出贡献，并首次报道油菜籽实中有一内源抑制剂对 HMP 途径起着调节作用；成功地筛选出两株纤维素酶高产菌株。

张乾二（1928—2020）

张乾二，1928 年出生于福建惠安，物理化学家，中国科学院院士，厦门大学教授，曾任中国科学院福建物质结构研究所研究员。他从事配位场理论方法研究，发展了分子轨道图形方法；提出"多面体分子轨道理论方法"。他曾获"国家有突出贡献中青年专家"等称号。

刘兴土（1936—2021）

刘兴土，1936 年生于马来西亚马六甲，永春县人，湿地生态学专家，中国工程院院士，曾任中国科学院东北地理与农业生态研究所研究员、博士生导师、中国科学院湿地研究中心副主任、中国科学院湿地生态与环境重点实验室学术委员会主任。 他长期从事国家湿地生态与东北区域农业生态研究。 他曾被评为国家有突出贡献的中青年专家，1991 年享受国务院政府特殊津贴。

蔡其巩（1932— ）

蔡其巩，1932 年 8 月出生于印尼泗水，原籍泉州，金属物理与断裂力学专家，中国科学院院士，1956 年毕业于哈尔滨工业大学，国家冶金工业部钢铁研究总院高级工程师，主要从事金属结构和力学性能关系的研究。

王启明（1934— ）

王启明，1934 年 7 月 3 日出生于泉州，光电子学家，中国科学院院士。 他参与筹建中国半导体测试基地，建立一系列材料测试系统，三次被授予“国家有突出贡献中青年专家”称号，获“国家光通信与集成光学杰出贡献奖”。

李幼平（1935— ）

李幼平，1935 年 5 月出生于泉州市，电子学家，中国工程院院士，主要从事核武器电子系统的设计与研究。 他连任中国工程物理研究院两届科技委主任，被授予"国家有突出贡献中青年专家"称号，获香港何梁何利基金"科学与技术进步奖"。

李龙土（1935— ）

李龙土，1935年11月20日生，福建南安人，无机非金属材料专家，中国工程院院士，现任清华大学教授、博士生导师。他长期从事无机非金属材料（主要是功能陶瓷材料）的教学和科研工作，对"863计划"重大项目的实施及高技术产业化作出重要贡献。

吴新涛（1939— ）

吴新涛，1939年4月生，福建石狮人，物理化学（结构化学）家，中国科学院院士（1999年当选），主要从事结构化学和簇化学研究。基于对簇化学的贡献，他被美国发行的《簇科学杂志》称为该领域的"国际带头学者"，受到国内外同行的赞誉，曾获得"全国优秀科技工作者"荣誉称号。

陈桂林（1941— ）

陈桂林，1941年12月生，福建南安人，空间红外遥感技术专家，中国科学院院士，中国科学院上海技术物理研究所研究员，长期从事光电技术研究，主持并研制成功"风云二号"气象卫星的核心探测仪器——多通道扫描辐射计（MCSR），为中国航天事业作出重大贡献。

黄荣辉（1942— ）

黄荣辉，1942年8月17日生，福建惠安县（今泉港区）人，气象学家，中国科学院院士，理学博士，是我国大气动力学学科的学术带头人之一，对大气中准定常行星波形成、传播和异常机理进行系统研究。他曾获得"国家级有突出贡献中青年科学家"称号。

郭光灿（1942— ）

郭光灿，1942年12月生于福建惠安，物理学家，中国量子光学和量子信息开创者、奠基人，中国科学院院士，中国科学技术大学教授，现任中国科学院量子信息重点实验室主任。他长期从事量子光学、量子通信和量子计算的理论和实验研究，其所带领的团队建成世界首个量子政务网络。

欧阳钟灿（1944— ）

欧阳钟灿，1946年1月生，泉州市人，理论物理学家，中国科学院院士，第三世界科学院院士，中国科学院理论物理研究所研究员，任中国科学院理论物理研究所所长，现任中国科学院理论物理所战略发展

委员会主任、中国科技大学物理学院院长。 他主要
从事凝聚态物理中生物膜液晶模型理论、液晶物理及
应用基础理论等研究。

陈木法（1946— ）

陈木法，1946 年 5 月 22 日生，福建惠安人，数
学家，2003 年当选中国科学院院士，2009 年当选发
展中国家科学院院士，已出版专著 4 部、教材 1 部、
译著 2 部。 两种主要数学评论杂志的评论一致认为
他创建或领导中国的一个"学派（School）"。 他的
研究成果被广泛引用，被国内外学者继承和发展，以
他的名字命名的定理、方法、构造等有 8 种。

姚建年（1953— ）

姚建年，1953 年 11 月生，晋江人，物理化学
家，中国科学院院士，是光化学与光功能材料领域的
代表人物之一。 他长期从事新型光功能材料的基础
和应用探索研究，在利用纳米尺度效应调控有机分子
的光物理光化学性能、无机、有机/无机杂化材料的
光致变色等方面取得一系列开创性的研究成果，具有
重要的国际影响。

杨永斌（1954— ）

杨永斌，1954 年 8 月生，金门县人，工程力学专

家，1976 年毕业于台湾大学土木系，1984 年获康乃尔大学博士学位，奥地利科学院院士，中国工程院院士，长期从事结构非线性理论、桥梁动力理论、列车波动传播分析法等领域研究。

黄如（1969—　　）

黄如，1969 年 11 月生，祖籍福建南安市，电子学家，中国科学院院士。她长期从事半导体新器件及其应用研究，发现了纳米尺度器件中涨落性和可靠性耦合的新现象及其对电路性能的影响，提出了新的涨落性/可靠性分析表征方法及模型，在国际上产生重要影响，合作出版著作 5 部。

参考文献

泉州市科学技术局编：《泉州市科学技术志（1991—
　　2007）》，厦门：厦门大学出版社，2018 年。

黄乐德：《泉州科技史话》，厦门：厦门大学出版社，
　　1995 年。

张惠评、许晓松：《泉州古代科技史话》，福州：海峡
　　书局，2015 年。

林华东：《闽南文化：闽南族群的精神家园》，厦门：
　　厦门大学出版社，2013 年。

姚洪峰、黄明珍：《泉州民居营建技术》，北京：中国
　　建筑工业出版社，2016 年。

吴建生：《品牌泉州》，福州：海风出版社，2008 年。

泉州市人民政府办公室：《泉州市"十四五"科技创
　　新发展专项规划》，泉政办〔2022〕3 号，2022-
　　01-10。

后 记

　　作为一名科技工作者,还是科普作家协会的一员,我对泉州科技创新和科学普及工作怀有感情,所以一直有个愿望,也是一种责任,希望把自己所知道的泉州科技成就、科技人物和科技创新典型介绍给大家。

　　机缘巧合,这个愿望终于能够实现。

　　泉州市老科协林华东会长是著名学者,对闽南文化颇有研究,著作等身,也是我的老师。热心于科普工作的他,甫一上任,就准备出版一套科普丛书,并得到泉州市永顺船舶服务有限公司总经理郭永坤先生鼎力相助。林会长想寻找一位既有科技工作背景,又有文学创作爱好的人,而我有幸能入他的法眼,担纲《名城科技》一书的编著工作。能够为泉州科普工作贡献一份力量,我感到十分骄傲与自豪,也感到肩上沉甸甸的压力。

　　本书主要包括泉州古代科技成就、当代科技成果、科技服务生活和古今科技人物等内容,力图把科学的深奥与文学的形象结合起来,不仅是对深奥技术技艺的翔实阐释,也包含其社会经济影响和文化意义方面的综合表达。在语言上,突出科普属性,力求用通俗易懂、平实生动的语言进行描述,让普通人看得懂,从而达到科普的目的。同时,扼要介绍泉州科技园区、科技创新平台、院士专家工作站和科技小院等科技创新载体,兼具宣传功能。

·本书编撰过程中得到相关部门领导和科技方面专家的精心指导和大力支持。泉州市科技局王小阳局长拨冗指导,副局长陈君伟就本书体例、结构和内容提出具体建议,市科协党组书记、副主席吴保忠高度重视,对本书提出指导意见并提供宝贵素材。市科技信息所李彩虹熟悉泉州科技工作,对本书内容提出宝贵意见和建议,并提供珍贵材料。市科技局高新科、综合科、机关党委、创服中心、科技开发中心相关人员,部分县(市、区)科技部门的领导和工作人员也为本书提供很多帮助。我爱人也在资料校对和照片搜集整理等方面大力协助,在此一并表示感谢。

尽管如此,由于我掌握的文献资料有限以及能力水平的局限,加上时间仓促,难免挂一漏万,有遗珠之憾,本书仅为抛砖引玉之用。

黄建团

2023 年 3 月